水と〈まち〉の物語

タイの水辺都市

天使の都を中心に

高村雅彦［編著］

法政大学出版局

刊行の言葉

陣内 秀信

「環境の時代」と言われ、持続可能な都市づくり、地域づくりの重要性が叫ばれる現在、それを実現するための理念と方法を探究することが問われています。

その課題に応えるべく、法政大学大学院エコ地域デザイン研究所が二〇〇四年に設立されました。経済を最優先する急速で大規模な開発とグローバリゼーションの進行で、環境のバランスと文化的アイデンティティを失った日本の都市や地域を根底から見直し、持続可能な方向で個性豊かに蘇らせることを目指しています。

特に注目するのは、かつて豊かな生活環境を生み、独自の文化を育む重要な役割を担ったにもかかわらず、手荒な開発で二十世紀の「負の遺産」におとしめられてきた「水辺空間」です。変化に富む自然をもち水に恵まれた日本には、川、用水路、掘割と運河、そして海辺など、歴史の中で創られた美しい水の風景が随所に見出せます。ところが戦後の高度成長以後、その価値がすっかり忘れられ、開発の犠牲になりました。私達はこうした水辺空間の復権・再生への思いを共有し、そのための理念と方法を探る研究に学際的に取り組んでいます。従来、別個に扱われることの多かった〈歴史〉と〈エコロジー〉を結びつける発想に立ち、日本の風土に似つかわしい地域コミュニティと水環境の親しい関係を再構築する道を探っています。

本シリーズは、この法政大学大学院エコ地域デザイン研究所によって生み出される一連の研究成果を刊行するために企画されました。世界各地の、そして東京をはじめ日本の様々な地域の魅力ある水の〈まち〉が続々と登場いたします。〈水〉をキーワードに、それぞれの場所のもつ価値と可能性を再発見し、地域の再生に導くためのビジョンを具体的に示していきたいと考えています。都市や地域の歴史、文化、生活に関心をもつ方々、二十一世紀の「環境の時代」にふさわしい都市・地域づくりに取り組む方々など、広く皆様にお読みいただけることを願っています。

目次

はじめに

アジアの水辺から見えてくる水の文化

アジアの都市を「水」の視点から研究して二〇年以上が経つ。当初、一九八〇年代後半の日本といえば、芝浦の「インクスティック」や「タンゴ」といった、東京の運河沿いのカフェバーが話題となった頃だ。それを皮切りに、日本の各地で水辺を活かした町づくりが広がり、ウォーターフロント・ブームが一気に高まりを見せる。だがすぐに、積極的に活用された水辺の歴史的な倉庫やオフィスは取り壊され、代わりに立ち並んだピカピカの建物からも人びとの足は遠のき、過熱気味のブームはあっという間に終わる。それでも、その後の東京のお台場では、再び海辺の自然とレインボーブリッジなど、新たな水辺の風景を求めて人びとが集まりだす。デッキに腰掛けて都心を眺めていると実に気持ちがよく、時間がゆったりと流れる感覚に満ちる。夜に屋形船から見るお台場の風景もエキサイティングだ。幕末から続く台場の島と、その脇の近代的な建築が混在する空間は、東京が改めてアジアの都市であることを認識させる。だが、これらはあくまでも非日常的な世界であって、都市の数少ない素敵な場所ではあるものの、何か日常の現実からは遠いもののように感じられてならない。

もっと普通の人と水が関わる生活スタイルや習慣といったものを知りたい。そうでなければ、本質的な水辺の再生はありえない。そんな時に出会ったのがアジアの水辺、とりわけ中国江南の蘇州とその周

タイでは水辺に人々の生活があふれだす．

辺の水の町であった。そもそも、かつて日本やアジアの各地域では、欧米よりずっと水が人びとの暮らしに密接に結びつき、豊かな生活文化を形づくっていた。その文化の掘り起こしがいま求められている。

比較の視点も重要だ。東京湾では埋立地に統一性が見られず、全体の空間を一つのイメージで捉えにくくしている。たとえば、北京で都市建築に関わる会議に出たとき、「どうして東京湾の湾岸線はギザギザになっているのですか？ どういう全体計画のもとにつくられたのですか？」と聞かれた。確かに、大連や青島などはまず全体のビジョンがある。「東京では……」と言いかけて、恥ずかしくなり回答をやめたことを覚えている。都市と水辺のビジョンはいかにあるべきか。いま、先行するアジアの都市を参考にする必要がある。

こうした経緯から、いま興味の対象はタイにまで広がっている。バンコクをはじめ、チャオプラヤー川流域の都市は、中国の水郷都市ともまた違った空間の歴史を持つ。一方で、同じ水辺の都市として、中国の江南地方と同様、タイでもまた居住や生産には適さない湿地帯を開発して定住を可能にする、いわば水との闘いと共生の繰り返しという苦難があった。それを乗り越えることによって実現したタイの水辺には、建物や人びとの生活に欧米のような華やかさはないが、そこには水と共生する日常的な暮らし本来のあり方と、歴史的に蓄積され継承されてきた水辺との多様な関わり方の系譜、そして何よりも人びとのエネルギッシュな生活がある。

本書は、それらを解き明かそうと、一九九八年からチャオプラヤー川沿いの都市群を調査し、水を中心とした生活環境を都市・建築の視点からまとめたものである。

タイの水と都市

近年、世界の各地で洪水の被害が相次いでいる。アジアのほぼすべての国々とヨーロッパのチェコ、ドイツ、ロシア、南米のブラジル、オーストラリアなどの被害は、日本のニュースでも取り上げられて記憶に新しい。洪水による被災者は、この二〇年間で七倍にも膨れ上がり、年平均では一億三〇〇〇万人を越える。また、地球の温暖化による海水面の上昇で、二一世紀には一部の島が水没するとまで言われ、都市部でも海岸線の形を保つのが難しいという。一方で、異常気象が原因と言われるのは集中豪雨だけでなく、逆に干害もまた、近年の都市部の慢性的な渇水をもたらしている。こうした現象は、人口増加や都市化による環境破壊もまた原因の一つだという。二一世紀は水と人間、都市、住宅、生活が、いかにバランスを保ちながら共生していくかが大きな課題になっているのだ。

タイもまた、言わずと知れた洪水の多い国である。二〇一〇年一〇月には、タイ中部のロッブリーがその被害に見まわれる。われわれも、ちょうど二〇〇二年の調査中に洪水に遭遇した。その年の三月に続き、二回目の調査を実施した八月末のタイ北部スコータイでのことである。新市街地の中央を流れるチャオプラヤー川支流のヨム川が氾濫し、周囲の建物はまさに浸水寸前であった。川沿いの民家では、家族総出で土嚢を積む作業に追われていた。

ところが、新市街地でもわずかに存在する高床式住居の住人は、その作業をベランダの上からただ眺めているだけなのだ。床下が二メートルもあるのだから、増水しても何ら問題はない。それが高床式住居の最大の特徴であり、水とともに暮らすタイ人ならではの知恵だということに改めて気づかされた。土地を高く造成し、同時に屋根裏をつくって洪水から生産物と人命を守る利根川流域の「水塚」もまた同じ考え方である。

洪水でなくても、チャオプラヤー川流域では、水位の変化の影響を受けない都市はない。たとえば、下流部のアンパワーは、毎日二メートル余りも水位が変化する環境にあり、それに対応するように街づくりがなされている。タイ湾のシーラーチャーでは、水位の変化に対応するどころか、まさに海上にそのまま集落を形成している。一方、上流部に近いピサヌロークの川には、水位の変化と一体となって住宅も上下する「浮家」が並ぶ。それでいて、不便はまったく感じず、むしろ水辺に住む快適性を自覚し、その価値を積極的に利用しているから面白い。タイ全土で、こうした水との多様な共存が見られる。この調査・研究を始めたきっかけは、こうした水と共生するタイの都市構造と住まいのあり方を考察し、それをもっと評価すべきではないだろうかと考えたからだ。

1917年バンコク・シープラヤー通りの洪水　左の西洋人は木材の上に乗り水に浸るのを避け，その足元に中華系のタイ人が船を漕ぎ，右奥に褐色の肌のタイ人が人力車を引いて平然と水中を歩いている．水に対する意識の違いがこの一枚の写真に表れている（Steve Van Beek, "Bangkok Then and Now", AB Publication, 1999）．

タイの歴史においては、水という大いなる自然といかに向き合うかが常に思考されてきた。防備や舟運、水資源の確保のため、多くの川や水路が活用され、または開削しながら都市がつくられてきたのである。国家という大きな単位はもちろん、一般の人びとの生活においても、水との共存は大きな課題であった。主な交通手段となる舟運、生活用水、魚や水草等の野菜を育てる土壌として、人びとは水と深く関わった生活を営み、それにともなって水辺に住宅をつくり、都市が計画される。

現在でも多くの舟が河川を行き交っている。また、川や雨水も利用されている。川で洗濯し食器を洗う人たち、パー・カオ・マーという布を巻きつけ水浴びをする人びと、川に飛び込んで遊ぶ子供たち。近代化や都市化を遂げて、水道が発達した今日で

水は魚や米など豊富な食糧を人々にもたらす.

タイでは船上の商人と水辺の住民が物の売り買いをする光景をよく見かける.

タイでは人々の暮らしにとって水がきわめて身近な存在なのである.

も、水辺では水とともに暮らす人びとの光景を目にすることができる。もちろん、いつまでも生活のすべてが伝統のままというわけではない。伝統的な木造の高床式住居には電化製品があふれ、インターネットで世界と通じ、自動車やバイクに乗って出かけることもある。それでも、水道水は味が悪いと言い、雨水を貯めて寝かせた水を飲む家庭をよく見かけた。つまり、水との関わりに限っては、従来のライフスタイルを継承するケースが実に多いのだ。

季節風は、タイに雨期と乾期の二つの季節をもたらす。雨期には一年分の雨が降り川の水を増水させ、逆に乾期には水位が下がる。この季節の移り変わりによる水位変化こそ、タイの人びとが水とともに暮らすための基本的な条件となり、現在でも変わらず水の文化を受け継ぐ最大の要因となっている。近代以降、日本では増水する水に対して堤防を築き遮断し、岸から距離的にも心理的にも離れることで洪水を回避してきた。それとは違って、時期ごとの環境変化に応じるその姿勢こそが、タイの人びとが示す水との共生そのものの姿であるといえよう。こうして、タイからはサステイナブルな都市と暮らしの一つのあり方を学ぶことができるのである。高床式住居もまた、解体すれば、そばを流れる水路を利用して容易に運ぶことができるため、タイでは移築が当たり前のように行われる。また、解体しなくても、二〇人も集まれば簡単に移動できるのも大きな利点である。水の状態に応じて、街区の形も建物の位置も変化する。アジアに特徴的であるとして、青井哲人（明治大学）のいう「やわらかい都市」という言葉が、まさにタイにもふさわしい。

タイの水の文化を読む

一九九八年夏、法政大学陣内秀信のグループが「ミツカン水の文化センター」の研究事業として、バンコク・チャオプラヤー川の西岸のトンブリー地区を調査した。現地では天使の都という意味のクルンテープと呼ばれ、東南アジアを代表する大都市バンコクにあって、水路を中心に街がつくられ、いまなお水辺の空間が活き活きとしている話を聞いて、われわれも大いに興味を持った。その話をきっかけに、タイの水辺の都市を本格的に調査しようという機運が高まる。そして、陣内から多くのアドバイスをもらいながら、翌一九九九年の夏には、とにかくタイの水辺の魅力を探りたいと思い、自主参加で集まった二〇名余りの学生たちとともにバンコクから調査を始めた。その後は、バンコクを飛び出し、チャオプラヤー川流域に沿って水辺の都市調査を実施する。二〇〇二、二〇〇三年には「ミツカン水の文化センター」の協力を得て、われわれも共同で調査を実施することができた。また、二〇〇三年には、同じ法政大学の出口清孝のグループが、環境工学的な視点からタイの住宅を調査し、客観的なデータからも、その水辺と高床式住居の心地よさが証明された。その後も補足的な調査を毎年実施している。

われわれの調査・研究の目的は、チャオプラヤー川流域の都市を対象に、水路、道路、宗教施設、住宅地・商業地といった都市構造と、民族、宗教、階層、職業といった社会構造の関連を探りながら、水と密接に結びついた都市空間がいかに形づくられ、成り立っているのかを歴史的に明らかにすることにある。民族や階層といった社会構造の違いは、水路や宗教施設、住宅地などからなる都市構造にそのまま反映される。また、住宅や店舗は、その場所のさまざまな条件に応じて多様なタイプを生み出している。それら相互の関係に着目し、水の文化の背景を探ることが大きな目的となった。

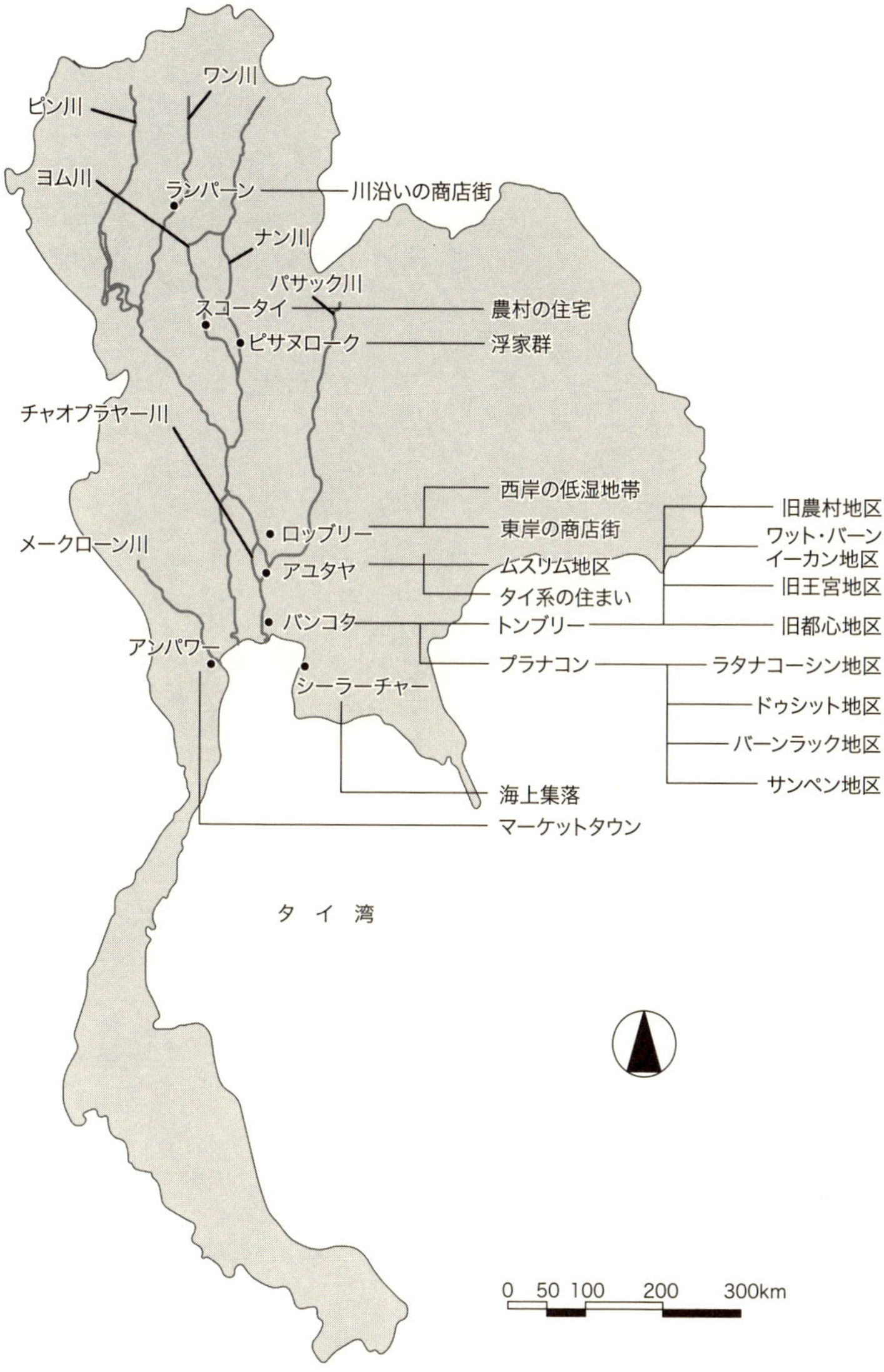

対象となる都市とその地区

直線距離で六〇〇キロを越えるチャオプラヤー川流域にあって、それぞれの場所でいかなる都市と住宅がつくられ、どのような違いが見られるのか。まずは、支流も含めながらチャオプラヤー川に沿って、可能な限り多くの都市を訪れ、その特徴を見出しながら、実測し聞き取りをして記録することから始めた。あまりよく知られていない、あるいは自分自身でよく理解できていない国や地域の都市を対象とするとき、何か仮説があって、それに合った場所や建物を見つけて調査するのでは、ものの本質が見えてこないし、重要なことを見落としてしまう。だからこそ、多くの都市を訪れ記録することから始めたのである。そのかわり、時間もかかるし人手もいる。バスや船を乗り継ぎながら、一九九八年からこれまでに訪れた都市は二〇を越え、参加したメンバーの総数は六〇名近くにのぼる。

最初の調査は、まず一九九八、九九年のバンコク・チャオプラヤー川西岸のトンブリー地区に始まり、二〇〇〇年のその東岸にあたるプラナコン側を経て、二〇〇一年には再びトンブリーの旧王宮地区と続いた。まずは、タイの巨大首都バンコクの特質を明らかにしようとしたのである。陸地化した現在の中心であるプラナコン側もまた、住まいの変遷や西欧化の影響を知るのに欠かせない対象であった。次に二〇〇二年には、スコータイ、ピサヌローク、ロッブリー、アユタヤといったタイ中部を集中的に調査した。チャオプラヤー川の中流域にあるこれらの都市は、それぞれ独自の歴史があり、地形も異なる。それゆえ、水と人びとの暮らしの関係も多岐にわたるため、そう簡単には理解できない地域となる。

だが、一方で中流域は、同時に上流と下流の両方の性格を少なからず帯びているから、チャオプラヤー川の上流、下流へと調査の対象を広げるには、まずこのタイ中部を知る必要があると考えた。実際、そこから水上の人工的な通路であるサパーンや商店街の水際に連結するターペー、住宅内の人工地盤のチャーン、高床式住居や浮家など、タイの水の文化を読み解くキーワードを多く得ることができた。

そして、二〇〇三年には下流部のシーラーチャーとアンパワー、上流部のランパーンに入った。一年あるいは一日で水位の変化が数メートルにも及ぶ都市では、いかに水と共生するかが最も重要な課題となる。それにより、街の構造や住宅の形式が大きく異なってくる。それでいて、どの都市でも、水辺の住宅の多くは高床式住居であり、川や雨水の利用のしかたが共通しているのも興味深い。

これらの成果は、一部の学会や雑誌での発表に加え、毎年、法政大学建築学科の修士論文や卒業論文としてまとめてきた。潮上大輔、功能澄人、佐藤里美、小川将、庄司旅人、吉田千春、許斐さとえ、内藤一範の各論文は、対象となる地域を変えつつ、膨大な実測データと分析内容で埋め尽くされている。

畑山明子もまた、やはりタイの水辺の魅力に惹かれた一人で、最初の頃のほぼすべての調査に参加してきた。畑山は初期の六年間の成果を再考し、修士論文「タイの水辺都市における空間構造に関する研究」(二〇〇三年)として全体をまとめる。この畑山の修士論文をベースに、二〇〇五年には法政大学エコ地域デザイン研究所(所長・陣内秀信)から報告書「チャオプラヤー川流域の都市と住宅—タイ・水辺都市のフィールド調査」を発行した。本書は、それを高村が大幅に書き換えたものだが、これまでの数々のメンバーの論文の成果が蓄積されていて、できあがるまでには実に多くの学生が関わっている。

その後、岩城考信は、二〇〇一年から二年間、バンコクのチュラロンコーン大学に留学し、スワタナ・タダニティ准教授の指導のもと精力的に調査研究に取り組んだ。資料の収集から調査の方法、現地との交渉に至るまで、実に多くの作業をこなした。岩城がタイ語を習得し、幅広い人的ネットワークを手に入れてからは、調査も飛躍的な発展を遂げる。われわれの調査にとって、岩城は常にリーダー的な役割を果たし、日本におけるタイの都市・建築研究者の代表的な一人になりつつある。岩城は、帰国後、修士論文「タイ・バンコクの都市形成と空間構造に関する研究」(二〇〇五年)をまとめ、その成果の一部が『バンコクの高床式住宅―住宅に刻まれた歴史と環境』(風響社、二〇〇八年)として出版されている。また、二〇一〇年には博士論文「水辺都市バンコクの空間構造と住宅の形成過程に関する研究(法政大学)」をまとめあげた。本書は研究書というよりも、調査報告書の性格が強い。現在も積極的に研究を続ける岩城によって、近いうちに歴史的な文献史料の考察をも含めた本格的な研究書の出版が実現することを期待したい。

タイの水と生活や空間構造に関する研究は、これまでにも数多くなされてきた。その結果、住宅と水との関わりが徐々に明らかになっている。しかし、その見方はある特定の都市や地域に限られたものがほとんどだ。季節による水位の変化、個々の場所の条件に応じた人びとの暮らし、住民の構成など、異なる背景がいくつも存在しながらタイの水辺空間はつくられることに、本書では注目したい。

調査・研究の視点

本書では、これまでのタイ調査の中から、八都市・二五地区を主な対象として、人びとの暮らしと水がどのように都市や建築に表現されているのかを視点としながら、住宅や地区を考察するものである。もちろん、それがタイの水辺都市のすべてではない。本書でいくつかの都市に限って報告しているのは、物理的にすべての都市を調査することが不可能であったということだけではない。それ以上に、これまで多くの都市を見てきた中で、各地域に特徴的な自然と建築の関係を見出せる都市を主に取り上げたためである。したがって、その地域の特徴かどうかを確認するために、周辺の都市も現地調査している。同時に、これらは歴史的にも重要な都市である。

そもそもタイでは、中国やヨーロッパのような城壁都市＝都市という概念は成り立たないと考えている。たんに城壁に高く堅固なイメージを持てないばかりか、もともと城壁内部は王宮や王族の宮殿、寺院、官庁施設などで占められ、それ以外の階層や職種の人びとは、城壁の外に住んでいたと考えられるからだ。タイの都市のムアンと同じ系譜で、それよりもプリミティブな都市構造を持つと言われるラオスのビエンチャンを調査したとき、それがよく理解できた。バンコクのように、後に城壁が拡張されて、そうした人びとが城壁内に取り込まれることはあっても、城壁都市の大部分は王のための空間なのである。そこには、タイの歴史上の政治的・宗教的な背景が大きく影響しているであろう。また、詳細な文献史料の考察によって、タイの都市と建築の歴史をもっと具体的に記述していくことも必要だ。だが、その前に、できるだけ史料をつき合わせながら、いまの段階でこれまでの現地調査の成果をまとめておくことが、本書に課せられた課題なのである。

タイの水辺の建築には、西欧のような華麗さは見られない。むしろ雑多で統一感があまりなく、部材の質もあまりよいとは言えない。高床式住居にしても、最も古いもので二〇〇年をさかのぼれるかどうかあやしい。増改築や修理は頻繁で、何といっても移築が当たり前のように行われる。近くの博物館に古い高床式住居が保存されていると聞いて行ってみれば、材料のほとんどが移築の際に取り替えられている。われわれが調査したものでも、せいぜい一〇〇年前のものであれば古いほうで、部材も含めて建築後五〇年から七〇年程度のものが多い。しかしながら、だからといって、建築の歴史がないとか、都市に歴史的蓄積が見られないということにはならない。そもそも日本を含むアジアの都市は、創建以来、後の時代の層がいくつも上に重なり、また建築も部材を取り替え改築を加えながら生きてきた。そのうえ、華麗さはなくても、水辺にたたずむ高床式の住居は美しい。何よりも、人びとが水辺で沐浴したり家事をこなしたりと、建築を背景に水が人間の身体にきわめて近いことを実感できる。

調査に対する意識の持ち方も重要であった。これまでにも、タイの水上マーケットや一部の水辺の集落が写真集や報告書として取り上げられることは少なくなかった。だが、それらの空間は近代以降に植えつけられた、われわれのモノに対する概念や見方からだけで評価したものが多い。つまり、社会も都市も民族も異なる地において、それまでに染みついた自分の尺度をできるだけ外地に持ち込まないという意識が、この調査では必要だった。

そのためには、まず直接対象となる地区や建築のいわば目に見える物理的なモノそのものだけを扱うという姿勢を反省し、その空間の背後にある社会や歴史といった背景をも同時に読み解くことを重視した。民族や階層といった目に見えない社会構造の仕組みを聞き取りによって解読し、それに対応して形成された空間の歴史的な層の重なりを解き明かす。それにより、建築の側からも、水の文化の本質をきちんと理解できると考えたのである。そして、詳細な仮説などは立てずに、まずはできるだけ多くの都市を見て、徐々に空間を理解し、そして全体を把握し分析していくことを最も重要な方針とした。

本書の調査・研究は、多くのディスカッションを経て、こうしたスタンスを全員が持つことから始めた。事前の史料考察から始まり、フィールドワークでは、きれいな町並みや立派な建物にまず目を向けるのではなく、水との関係の中で、それぞれの地区がどのような特徴を持っているのか、それによりいかなる街区が形成され、そこにどのような建築がつくられているのか。空間の層の重なり方の相互の関係を見出すためには、このように各層の個々の部分を連続的に見る方法が欠かせない。したがって、ときにはいまにも倒壊しそうなボロボロの住宅や薄汚れた小さな店舗にまで入り込み、聞き取りや実測を行った。

タイ国内を流れる川は多く、アジアで最も重要な河川の一つであるチャオプラヤー川は非常に壮大である。したがって、水辺の都市は川の流域のどこに位置するかでそれぞれ環境が異なる。つまり、チャオプラヤー川とその支流という視点を入れることは、まず、どのような水の変化を見せる土地に都市がつくられているかといった「自然背景」を考える必要がある。一方で、人が住環境を決定する要因は、必ずしも自然背景だけではない。そこから、その自然背景にともなって、水と共存するために人びとはどのような場所に街区や建築を築いていくのかという立地条件を考察しなければならない。こうした個々の都市の立地条件、王宮の存在、道や川のつくられ方など、「都市的背景」も考慮すべきである。さらに、タイの人びとは信仰があつく、個々の宗教施設を中心に集まり住む。民族ごとに独自の生業を持つことも少なくない。階層によっても、立地や住宅のタイプに違いを見せる。それゆえに、こうした「社会的背景」をも視野に入れる必要がある。

各都市を考察する際には、これら「自然背景」、「社会的背景」、「都市的背景」を共通の視点として位置づけながら、それぞれの建築的な特徴との関わりについて分析することが調査・研究の具体的な方法となった。

タイの都市・建築研究の意味

タイ研究は、建築の分野でもかなり活発になってきている。従来からの宗教施設や王族の宮殿といったモニュメンタルな建築の様式史や空間構成の研究に加え、伝統的な民家や集落を対象とした実測調査に基づく分析もなされてきた。また、近年は北部タイの山岳民族の民家研究や田中麻里によるタイの住居空間に関する研究などの成果も刊行された。

一方、都市の分野では、大都市を対象とした形成史、計画史の考察が進み、タイ都市史研究のさきがけとなるバンコクの研究が一九八〇年代からチュラロンコーン大学より発表されている。二〇〇二年一〇月には"water-based city"と題した国際会議も開かれ、水と密接に結びつくタイの都市空間と建築の研究が注目されつつある。

しかしながら、従来の研究は、個々の建築をあくまでも単体としてとらえることが多かった。また、都市や居住空間を自然背景や社会的背景、都市的背景と結びつけて扱う総合的なアプローチは、まだあまり見られない。村松伸を中心とする東京大学生産技術研究所・藤森研究室とチュラロンコーン大学建築学部が共同で行っているバンコクの都市形成に関する研究や、タードサック・テーシャキットカチョーンと神戸大学重村研究室による中部タイの水辺集落の研究などがあるにすぎない。今後、この分野の研究を切り開いていくことが必要であろう。

タイ研究は、むしろ建築以外の分野で活発に行われてきた。チャオプラヤー川流域の自然背景を理解する上で欠かせないものとしては、高谷好一のチャオプラヤーデルタ全域の水文《すいもん》環境の形成と変容に関する研究、田辺繁治のチャオプラヤー川上流域の環境と水利組織の研究がある。

とくに、タイの社会的背景を理解する上で欠かせないものとしては、プラヤー・アヌマーン・ラーチャトンのタイ民俗学に関する一連の研究、水野浩一によるタイ農村部の社会構造の研究、石井米雄のタイの近世近代史や上座部仏教の研究、G・W・スキナーの華僑社会史の研究などがあげられる。さらに、バンコクといった大都市を扱ったものとしては、友杉孝のバンコク都市形成史や末廣昭のタイ経済史、田坂敏雄のバンコクの不動産史、マーク・アスキューによるバンコクの社会史研究などがある。

これら多くの先学も農村や大都市を対象としたものが多く、本書のように大都市のみならず、都市と都市、都市と農村をつなぐ地域ネットワークの核となる中小都市や集落にも注目し、さらにチャオプラヤー川流域という大きな枠組みの中で扱ったものはほとんどない。しかしながら、これら多くの研究の蓄積が、タイの建築や都市を考える上で、われわれの重要な視点を生み出したことは確かだ。

タイ人と都市・建築

本論に入る前に、本書を理解していただくため、少しだけタイの重要な項目について説明しておきたい。

まず、タイ人についてである。タイの国籍であればタイ人であるということに間違いはないが、一般にタイ人と呼ばれる人びとは必ずしもタイ民族ではない。タイには、華人系、マレー系、インド系、クメール系なども少なからずいるからだ。しかも、現在ではそれぞれを明確に区別できないのも事実である。それほど混血が進んでいる。そもそも、一八世紀トンブリー王朝の創始者であるタークシン王その人自身が、中国人との混血であった。そのうえ、個々の宗教が自立していても、祭事の内容の混合が進んでいるから、ますます区別できない。つまり、文化も融合しているのである。

とくに、都市部ではその傾向が強い。バンコクでは、人口六〇〇万のうち半数以上が華人あるいは華人との混血であるといわれている。チャイナタウンやインドタウンには、外見から中国人やインド人とすぐに見分けがつく人びとが集中している。だからといって、それ以外の場所では、すべて仏教を信仰するタイ族ということにはならないのである。実際、われわれが調査を行ったサンタクルース教会周辺には、多くの華人系キリスト信徒が存在し、仏教寺院のあるイーカン地区では中国道教の神棚を多く見かけた。一つの家に、上座部仏教の仏像と中国の財神が並んで祭られることも少なくない。夫と妻で民族の系統が異なることも多い。その点、ムスリムは、地区、家族ともにイスラム信者としての統一感がある。それでも、われわれが想像するようなひげを伸ばし、白い帽子やベールをかぶっているわけではないから、外見は他と変わらない。

こうしたタイの都市を対象に、民族や宗教からなる社会構造をひも解きつつ、いかに水との関係をとりながら建物を築き豊かな暮らしをつくり上げてきたかを探ることは、複雑ではあっても実にエキサイティングな作業である。

次に、住宅内の居室の判断もそうたやすくはない。調査では、住宅内の居室名とそこで行われる行為が一致してはじめて、そこがどのような空間なのかを判断した。つまり、タイの住宅の居室名はタイ独自のものであり、それぞれの居室の名称はたんに行為に由来するものではないからである。そのうえ、住宅内では、どの行為をどこで行うのかを明確に規定しない柔軟な空間の使い方がされている。むしろ、その空間が生活の中でどのような意味を持つかが重要となり、そこから名前がつくこともある。

したがって、タイ語を日本語の単語に置き換えることは困難であり、同時にわれわれの概念で空間の意味を勝手に決めつけてしまう恐れもある。そこで、本書では、住民からの聞き取りに基づいて部屋名を記述している。住宅の外にある桟橋や船着き場等も同様である。また、本書の〈　〉で示した住宅名は、われわれが共通認識を持つために便宜的に名づけたものであることをご承知いただきたい。本書では地域、地区、集落という言葉を多用しているが、地域は主にチャオプラヤー川の上流、中流、下流などといった範囲、地区はバンコクやアユタヤのような大都市において、建物が密集し連続する全体の一部を示すときに使っている。地区のさらに一部を指すときには、エリアという言葉で表現した。一方、集落は、都市部から切り離され、建物がある程度密集した固まり状のときに使用している。

では、タイを南北に貫くチャオプラヤー川の周辺に形成されたさまざまな水辺都市について、その都市空間の見方や考え方、さらには都市の基本単位となる高床式住居の特質を次に見ていこう。

I

タイの水辺都市と住まい

1　チャオプラヤー川と都市の空間構造

さて、タイの都市と住宅を具体的に見る前に、まず全体を貫く視点を考えてみたい。これは、われわれが実際の調査・研究を通じて、常に念頭に置いたもので、水辺都市の見方や各都市に共通する要素など、考え方の基盤をなすものである。

タイでは、どこでも高床式住居、水上の通路となるサパーン、船着き場にある休憩所のサーラーがあり、水辺を彩る個性的な空間が展開している。しかしながら、それらの姿は必ずしも一様ではない。チャオプラヤー川流域にある都市が持つ社会的・歴史的背景、思想や生活、場所の地理的条件などに応じて、実に変化に富む。

宗教や信仰は、古くからタイの人びとの生活と心に深く根づき、生活スタイルや住まい方、さらには住宅地や都市形体にまで影響を与えている。また、その場所が主に商業地として、あるいは住宅地として発展したのか、こうした背景はそのまま店舗や住宅という建物のタイプをも決定することになる。加えて、地形などの立地条件にも注意しなくてはならない。それぞれの条件が絡みあいながら、水辺都市のいまがつくられる。

宗教施設と水辺空間

タイは信仰があつい国、とくに仏教徒が多いことで知られる。国民の九割以上が小乗仏教徒で、男性は成年になると僧門に入る。官庁や一般企業でも、勤労者はそのために三か月の離職が許されるほどだ。街なかでは黄色い袈裟をまとった僧が、通勤通学の人と一緒に電車に乗るのも日常の光景となっている。昨今の生活スタイルの変化から減少ぎみではあるが、早朝に托鉢のために並ぶ僧の姿を目にすることも多い。それくらい、宗教や信仰が日常的で身近なものになっている。

水路の分岐点に位置する仏教寺院（バンコク・トンブリー）

仏教の僧を街なかでたくさん見かける一方で、タイにおける信仰は仏教だけではないことも忘れてはならない。一九九七年タイ王国憲法には「第五条　生まれ、性別、宗教に関わらず、タイ国民であれば憲法の保護下にある」、「第七三条　国はすべての宗教が理解し合い共存できるよう支援し、保護しなければならない。宗教によって生活や道徳が向上するよう支援しなければならない」とある。キリスト教、イスラム教、ヒンドゥー教なども含めて、国が保護し、支持しているのである。

深い信仰心は宗教施設の多さにも現れている。仏教寺院はもとより、中国から渡って来た華僑が先祖《そ》を祭るために建てた廟もたくさんある。赤い中国式の装飾と反りのきつい屋根が印象的だ。キリスト教の教会、イスラム教の礼拝堂であるモスクも、人びとの日常生活にとけこみながら点在している。とくに、仏教寺院や教会、廟は舟から直接見ることが可能な水辺に立地している。水に正面を向けるように建つものが多く、また、水の側にも出入り口を持っている。かつて、バンコクやアユタヤは貿易で栄え、中国人やムスリムなどが多くやってきた。彼らはそのままタイに定住して、多民族都市をつくりあげる。それぞれ民族の数だけ信仰や宗教があり、それに応じた宗教施設が水辺に象徴的に点在しているのである。

こうした宗教施設は、不安定な地盤を避け、水際ではなく、少し内陸に入った安定した場所に建てられていることが多い。タイでは雨期と乾期があり、雨期には一気に川が増水する。その際、浸水しにくい場所を考慮して立地していることになる。そのうえ、タイの家屋は木造で軽いが、宗教施設の多くは石やレンガでつくられるため重く、その重さに耐えられるような地盤が必要であった。

立地が表す象徴性

仏像やキリスト像、十字架はその信仰において神そのもので、それらが向く方位は重要な要素となる。つまり、それらを納めている宗教施設の立地や正面の方位もまた、空間の象徴性を最も端的に表す。川に向かって正面を向ける宗教施設には、いくつかの傾向が見られる。長い年月をかけて川は蛇行を繰り返し、その土地の形に変化を与える。たとえば、仏教寺院はその蛇行の内側、つまり土砂が堆積してつくられた比較的安定した高台に立地する。周辺の地形の変化に左右されずに、宗教施設だけがその姿を変えず堂々と建つ。

川の分岐点に建つ仏教寺院もある。両側に住宅や人びとの日常生活を垣間見ながら舟で進む。やがて流れの分岐点に差しかかると、東南アジアの青い空と熱い空気の中に、荘厳な赤い屋根と金の装飾、白い壁の堂々とした仏教寺院が正面に飛び込んでくる。

象徴性を示す方法は、水に正面を向けるだけではない。中国江南などの水辺都市では、水路上にぽっかりと浮かんだ小島に宗教施設が建設されることがある。タイでも、北部のロッブリーやランパーンのいくつかの寺院は、島の上に仏教寺院を建てる。日常から切り離された孤立する小島に、聖域としての象徴性をより高めようとした結果であろう。

1940年代初めのワット・アルン　三島由紀夫著『暁の寺』でも知られるトンブリーを代表する寺院．バンコク・チャオプラヤー川の象徴であり，奥のほうには広大な果樹園が映し出されている（The Fine Arts Department and The Siam Center Foundation, “BANGKOK 1946-1996” Thai Paper Co. Ltd., 1996）．

川に正面を向ける中国廟の建安宮（バンコク・トンブリー）

（右）　チャオプラヤー川からの明快な空間軸をつくり，その水辺に開くサンタクルース教会（バンコク・トンブリー）
（左）　バンコクのモスク　仏教寺院によく似ているが，草花の紋様や緑色の塗料など，モスクに独特な装飾が施される（バンコク・トンブリー）．

こうして、多くの宗教施設はそれぞれの立地や地形を考慮して、水と密接に結びつきながらみずからの象徴性を表現する。地図で確認すると、バンコク・トンブリーにある七六の寺院のうち、実に七一が水辺に立地する。そして、タイの仏教において、最上の方位とされる東に正面を向ける傾向が強い。

方角を重視する点では、仏教よりもイスラム教のモスクの方が色濃く表れる。イスラム教には厳格な戒律がある。宗派によって違いはあるものの、主にイスラム教徒は一日に五回、聖地メッカの方角に祈りを捧げることが義務づけられている。モスク内部の壁には、その方角を指し示すためのミフラーブと呼ばれる窪みがあり、聖地メッカのある西につくられる。

宗教施設とまちの構造

宗教施設は人びとの心の拠りどころであると同時に、周辺に住宅や店舗が連なり、生活空間の中心としても機能している。宗教施設を単位としてまちがつくられることも少なくない。寺院を中心とした日本の寺内町や門前町ともよく似ている。タイでは、寺院を中心として形成されるこうした地区を「ティートラニーソン」と呼んで他と区別するほど大きな意味を持つ。だが、そのまちの空間構造は実に多様だ。とりわけ、参道は陸の道だけでなく、自然の川や人工的に引き込んだ水路であることが多く、宗教施設、住宅、店舗が一体となってさまざまなバリエーションを見せる。

宗教施設が大きな川沿いに立地する所では、その裏手に住宅地が形成される。各住宅は水辺から遠のいてしまうが、水路を人工的に引き込むことで水と結ばれる。川と垂直に参道が伸び、それを利用すれば水陸両方のアプローチも確保される。一方、大きな川から引き込まれた水路沿いに宗教施設が立地する所では、川と平行に参道が伸びる。ここでも、水陸両方のアプローチが可能となる。こうして、水に浸りやすい不安定な土地を有効に使いながら、陸だけでなく、常に水とのつながりが重視されているのである。とくに、水路の分岐点に立地する宗教施設は、周囲二方向あるいは三方向が水に囲まれ、その複数の水路のいずれもがいわば参道の役割を果たす。

さて、大きな川から水路を引き込む場所に立地する寺院では、その入口に四方吹き放しで壁がなく、タイ様式の高い屋根が架かる「サーラー・ターナーム」がつくられる。船着き場として利用されるだけでなく、水路沿いに立つ宗教施設やまちのシンボルとしての役割をも果たし、さらには水辺の心地よい休憩所としても使われる。人びとが集まり涼をとる光景はよく見られ、子どもたちがゲームをしたり、母親たちがおしゃべりをしたり、老人が川を眺めたりと、まさにまちの寄り合い所のような機能を持つ。

こうした仏教寺院とは対照的に、イスラム教のモスクは、まずメッカのある方角を優先するため、立

寺院の壁画に描かれた水辺のサーラー・ター・ナーム（1700年代後半，Wat Phrachetu-phon）

地条件によっては水との関係が重視されないケースが多い。一方で、モスクを中心に住宅地が形成されることは共通していて、まちの中を路地が網の目のように巡り地域を組み立てている。ムスリム集落の住宅は、増築を繰り返し大規模化するのではなく、結婚や独立のたびに同規模の住宅を近くに新築するのが一般的で、最もシンプルな高床式住居が立ち並ぶ。住宅地にそうした特徴を見せるムスリムのまちではあるが、水の国タイではやはり水路とのつながりを無視することができない。生業や移動手段、自然条件、さらには歴史的に水との関わりをもたない地域の移民であったとしても、それは必要である。住民ならいつでも使用できる船着き場を必ず所有し、先のとがったムスリム独特のアーチ型のゲートが水際に集落の象徴として設けられる。

ラジオからコーランが流れるタイの高床式住居にいると、やや不思議な雰囲気に包まれる。しかしながら、川の水を生活用水や移動に利用し、増水に備えるなど、信仰は違ってもタイの仏教徒と共通する点は多い。信仰ごとに水への意識や建物の立地、集合の仕方が異なる一方で、住宅の形式や船着き場のつくり方などはよく似ているのだ。そして、水辺に住み、水とともに生きるためには、高床式住居が最も適した住まいであることを誰もが認識している。この国で生活するためには、生活の核となる信仰のスタイルを越えて、常に水と一体となった住まいのあり方が求められたのである。

水辺の商業地とターペー

多くの都市において、歴史的な栄華の背景には交通の利便性が深く関わり、とくに前近代に成立した都市では舟運が主な交通手段となる。タイも同じだが、必ずしも自然の姿そのままの河川を舟運に利用したのではない。タイの多くの都市では大きな川から水路、さらに小さな支線水路へと、人工的に掘削を繰り返してインフラを整備した。バンコクやアユタヤの地図を見ると、環状の水路が特徴的で、それら河川の一部は自然のものを整備しつつ、一方で防衛や舟運のため、ほかに掘削した水路もあって、見た目ではそれらを区別することができない。

水路が交差するところには舟や物資、そして人が集まる。最初は小さな市から始まり、しだいに大きな商業地へと発展していく。タイの水上マーケットはこうして形成された。私たちの日常生活にあっても、大きな道の大規模店舗を渡り歩くよりも、小さな店から店へと移動できる身近な商店街のほうが楽しい。水上マーケットはまさにタイの商業地であり、小回りのきく小舟で行き来するにはちょうどいい大きさだ。普段、タイのモノ売りは小舟で移動する。小柄なタイ人でも大人ひとりが乗るのがやっとの幅で、バランス感覚に慣れていないわれわれではすぐにひっくり返ってしまいそうだ。マーケットを開くには、波の立たない小規模の水路のほうが適している。大きな船は大規模な川に停泊し、そこで小さな舟に荷を積み替え、水路を分け入った奥の商業地へと向かう。

一方、宗教施設に通じる水路は参道にもなっているので、沿道に商業地が形成された。舟で来る売り手や客は陸に上がらず、舟と舟、舟と店舗で直接やり取りする。水路と店舗の間には水辺にせり出すように「ターペー」と呼ばれる空間があって、舟の客と店主が商品の受け渡しを行う。その空間はすべての店の前にあり、それぞれが連続して幅二メートルほどのターペーを形成する。あたかも最初から通路が水路沿いにつくられたように見えるが、ターペーは店舗ごとで所有し管理している。私有でありながら、公共の空間としても提供しているのである。いわば路地のようなこうした半公共的な空間は、戦前の日本にも数多く存在した。それが地域のコミュニティを測るバロメーターでもあった。しかし、戦後は都市における私有と公共の線引きが明確になり、同時に視覚化もされて、権利と資産の所有を強調する社会に変化した。このターペーは、タイの水辺が近隣とともに共生するために、いまもなお半公共空間として持続しているのであって、結果的に境界があいまいになる「やわらかい都市」そのものがここに象徴されている。

水上マーケットが減った近年でも、ターペー沿いの商業地は生きている。店舗には周辺の人びとの日用品が揃い、この通路を使って小銭を握りしめた子供がお使いにくる光景はどこか懐かしい。なお、ターペーはバンコクでそう呼ぶ地区があることから、本書では統一してこの語句を使いたい。

水辺の商店街に連続するターペー（バンコク・トンブリー）

商業地の空間構造

舟とのやり取りのためには、店舗はできるだけ水路にせり出したほうがよい。そこで、水に近づくために、川のすぐそば、ときには水中に柱を建てて、高床式の店舗併用住宅をつくる。水路側はミセ、その奥や二階は住居として使われる。こうした商業地の水路沿いの建物には、戸建て、あるいは同じ幅の間口で割られる棟割長屋が多い。タイでは家族が増えるごとに増築がよく行われる。水路沿いの建物は、内陸に向かって増築されるので、どの家も水路に対し垂直の細長い土地につくられる。

そもそも商業地の構造は、水路、ターペー、建物という順番が一般的だった。時代を経て陸上交通が発達すると、もともと半公共の役割を担ったターペーは、政府が管理したり、幅を広げたり、そのまま埋められ道路に変化することが少なくない。しかし、それでも物資は水上から搬入されるので、かつてのターペーと水路の間に、高床式の倉庫や作業場が増築される。かつての水辺の通路は水路に接しないことになるが、狭い土地を有効に利用する商業地ならではの空間構造といえよう。

こうして内陸化した商業地は、宗教施設の立地にも表れていたように、浸水や陸地の浸食の心配がない安定した土地となり、建物の自重の問題も解決される。そのため、それまでの木造の高床式に替わって、地面に直接建つ、たとえばショップハウスのようなレンガ造の店舗併用住宅がつくられるようになる。この段階で、都市は水の状態に応じて街区の形を変え、建物の移動を容易にする「やわらかい都市」から、土地と建物が固定化した「かたい都市」へと変容を遂げるのである。

専用住宅地

タイでは、商業地とは別に、王侯貴族だけでなく、店舗をともなわない住宅が集合して、専用の住宅地が形成された。それらは階層や宗教、生業に応じて地区を特徴づける。

たとえば、ムスリムはモスクの周囲に住宅を建てて一つのコミュニティを形づくる。また、交通や用水の確保など、水路が生活の中心となるタイでは、水辺に住宅を構えることが不可欠となる。さらに、タイの住宅は増築が大きな特徴であり、一つの敷地に複数の棟をつくり、相互に連結しながら親族が一体となって住むことが多い。相互の棟は、「サパーン」と呼ばれる木製の歩み板でつながれるのが一般的で、単に棟同士を結ぶだけのものから、ちょっとした家事や井戸端会議が行われるような広さまで、用途の幅も広い。とくに、「チャーン」と呼ばれる大きなものは母屋の中央に配置され、相互の棟を行き来する。サパーンやチャーンは、いわば地面から離れた空中の人工地盤としての役割を果たしていて、まさに水の都市の住宅ならではの工夫といえる。

商業地の店舗が水にせり出すようにつくられるのに対し、専用の住宅は水際からセットバックした比較的内陸側に建てられることが多い。タイでは、雨期と乾期によって水位の増減が大きく、住宅には二つの条件が求められる。一つは、雨期の増水時に床上まで水が上がってこないこと、もう一つは日常において水が容易に確保できることである。生活の知恵や長年の経験から、人びとは住宅の配置や床の高さをどのくらいにすべきかを知っている。

一方、王侯貴族や富裕層は、富の象徴として伝統を重んじた、もしくは外来文化を取り入れたスタイルの住宅をつくり出す。つまり、格式の高い高床式住居に住む場合と、西洋風の住宅とに分けられるのである。高床式住居は、高価なチーク材がふんだんに使用され、破風や欄間の巧妙な装飾が美しい。西洋風の住宅もまた、先端的な鉄筋コンクリート造の導入だけでなく、レンガ壁や石造部の意匠に凝る。スタイルは違っても、いずれも材料や技術の豊かさで富を象徴しているのである。通常、重量のあるレンガや石で住宅を建設するには、水辺の不安定な土地を避けようとするが、富裕層は護岸を整備し安定させることで、川沿いにその富と権力の象徴として、新たな文化をとりいれた華やかな装飾を持つ住宅を構えた。その演出の方法は、宗教施設の象徴性にも似ている。

タイの自然

タイの国土や自然の特徴で第一にあげられるのは、北部からタイ湾に流れ込むチャオプラヤー川とそこから枝分かれするたくさんの支流である。その長さは南北二九二五キロある。主な支流には、タイ北部のランパーンを流れるワン川、ピサヌロークを流れるナーン川、ロッブリーを流れるロッブリー川、中部のアユタヤから本流に注がれるパーサック川、ヨム川、ピン川などがある。どの川もタイの豊かな土壌を育む大切な流れだ。タイの北部は山岳地で、その南には扇状地が広がり、そこを南北にチャオプラヤー川が貫く。上流域は川幅が狭く水に勢いがあるのに対し、下流に近づくにつれてゆったりとした流れに変わる。

地質学的には、先史時代、現在のアユタヤを含むチャオプラヤー川中流域、ならびにタイ湾に近い下流域の広範囲は海だった。その後、チャオプラヤー川は蛇行と浸食を繰り返し、膨大な土砂が運ばれ堆積する。堆積した土砂によって、川や水路に沿った土地は高くなるものの、それらに挟まれた土地は、数メートルも掘ると水が出てくるというくらい水はけの悪い低湿地であった。タイ湾に面する東西一一〇キロ、南北一七〇キロの高低差の少ないこの広大な堆積平野をチャオプラヤー・デルタと呼ぶ。その最北にはチャイナート、中部にロッブリーやアユタヤ、そしてその南にバンコクが位置する。

雨期がもたらす多様な変化

タイには、雨期と乾期の二つの季節がある。五月から一〇月にかけて東南アジアに吹く季節風は、海を渡る際にたくさんの湿気を含み、大陸では大量の雨を降らせ雨期が始まる。雨水は川に流れ込み、八

乾期と雨期の水位差が作り出す街並みの変化　乾期には３層のすべてが使えるが，雨期には１階の家具などをすべて２階以上に上げて２層分だけが生活空間となる（Steve Van Beek, “The Chao Phya- River in Transition”, Oxford University Press, 1995）.

月から一一月にかけて一気に川の水が増水して水位が上がり、地域によっては洪水をもたらすこともしばしばだ。治水や灌漑が発達した今日でも、その時期になると、タイの洪水のニュースを日本でもたびたび耳にする。

雨水がもたらす川の水位変化は、地域によって大きく異なる。山々を抜け出てすぐのチャオプラヤー川上流域では、雨期の大量の水が一気に川に流れ込む。もともと川幅が狭いため、水面が大きく上昇し、流れも速い。ランパーンやスコータイ付近を流れるワン川やナーン川では、ときに七メートルから八メートルも水位が上がるという。その水位差は、私たちには想像できないほどだ。こうした場所では、雨期と乾期で風景を一変させる。

中流域では、上流域の支流の水が徐々に集まり注がれる。水位変化は年間で二メートルから三メートルほどあったが、堤防やダムによる治水管理が徹底されたため、最近では二メートルを超えることはほぼないという。川幅は比較的広く、ゆったりと流れているため、年間を通しての水位変化は穏やかだ。また、中流域はチャオプラヤー・デルタの低湿地にあたり、水はけが悪い土地なので、郊外には水がたまったままの土地をよく見る。雨期になっても突然水が増えることはないので、ある程度の環境変化にも対処できる。つまり、中流域は年間を通して常に水があり、環境をコントロールしやすい条件にあるといえる。

そして、下流域ではすべての川の水が集まり、水はけも悪く、一〇月や一一月に最も激しく川や水路が増水する。同時に、海抜は高くても二メートルから三メートルなので、増水した水が逃げ場を失い、毎年のように洪水が起きる。さらに、河口域では潮の満ち引きといった潮汐作用の影響を受ける。同じ河口域でも海に近い方がその変化は大きい。日中の干潮時に比べて、夕方から夜の満潮時には水位が二メートルから三メートルも上昇するため、年間の降水量よりも、むしろ一日の変化の方が日常生活に大きく影響するのである。

流域ごとに見る住まいの違い

こうしたタイ独特の自然とそれを特徴づける流域ごとの川の変化は、住まいのあり方をも大きく変えた。

上流域では、雨期の大量の水が、年間を通しての大きな水位変化となって現れる。七から八メートルの水位差は、乾期に地面だった場所を雨期にはあっという間に川底に沈めてしまう。タイの一部の伝統的な木造住宅は、二〇人ほどで持ち上げられるほど軽量なので、勢いのある流れに耐えられず、水辺に住宅が立地することは難しい。そこで、古くからある住宅は、地盤の安定した内陸に立地し、それゆえ高床式住居にする必要もない。

しかしながら、荷物や商品の搬入は古くから舟運を利用していたので、川や水路側に荷捌きや搬入の空間を持つ住宅が少なくない。生活の一部は陸に上がりながら、一部では場所を変えて水を利用しているのである。近年、各地でダムによる治水管理が行われてからは、住宅と水路の間の緩やかな斜面地に高床式住居が建てられるようになった。斜面の位置によって床下の柱の高さに変化をもたせ、その場所に応じた合理的な住まい方がなされている。

上流域の大きな水位変化にも関わらず、積極的に水と結びつくことを目的とした住まい方がある。筏の上に住居をつくる「浮家」だ。かつては首都バンコクでも見られた。最近では、上流域のピサヌロークが何棟もの浮家が連なる都市として有名である。木材やドラム缶を「浮き」とし、その上に住宅が載り、川岸の樹木に係留する。七～八メートルの高さは住宅のほぼ三階建てに相当するが、それに身を任せて水と一体となりながら住宅が上下するのである。

このように、上流域の住宅は、水から一定の距離をとるものと、まったく距離をとらないで水上にあるものに大きく大別できる。

チャオプラヤー川の中流域から下流域にかけてもまた、年間を通した水位の変化が見られ、バンコクやアユタヤ、ロッブリーといった都市がその地域に存在する。雨期には水面が一～二メートル上がり、川幅が広いので穏やかに変化する。といっても、目の前の水位が上下することには変わりがないので、季節によって生活環境も変化する。だからといって、高床式住居の床下の柱を長くし、絶対の安全を確保しようとはしない。川や水路とともに暮らす人びとにとっては、日常的に必要な水そのものから遠ざかることはできないのである。川の蛇行によって土砂が堆積し、そうしてできあがった自然堤防をうまく利用して、その上に高床式住居を築くことで、多くの住宅が水にその姿を向けている。

移動手段も時期によって異なる。乾期に徒歩で移動できる場所は、雨期に仮設のサパーンを水上に渡してその上を歩く。この場合のサパーンは大きさやつくりが頑丈ではなく、一人が歩けるほどの幅の木板で、陸地や住宅、水辺を相互につなぐ。毎年その時期になると、地域住民が板を出して共同で設置する。そして翌年も、翌々年も繰り返しそれを使う。このように、定期的に水位が変化する場所では、住まいもそれに合わせて環境を変える。もはや雨期の増水は災害ではなく、あたかも一つの季節が訪れたかのように人びとの生活の一部となって柔軟に対応するのである。

そして、海に近い河口付近では、一日の潮汐作用による水位変化が大きい。満ち潮の夜間から朝方にかけて、川や水路の水位が一気にあがり、その差は二～三メートルにも及ぶ。住まいには高床式住居が多く、人工地盤となるサパーンやターペーを頻繁に用いる。ただし、常に水がある環境ではあるものの、水が引いた水路は舟を出せるだけの水位がないので、サパーンやターペーが陸上交通として重要な役割を果たすのが特徴だ。

海辺では、陸上居住の権利だけでなく、漁船の係留や作業の便を考えて、海の上にそのまま住宅を建てる海上集落がよく見られる。桟橋であるサパーンが陸から海にまっすぐ伸び、そこにぶどうの房のように住宅が軒を連ねる。サパーンは、家々をつなぐ通路として、また作業場としても使われ、ときには路地のように子どもが遊び、植栽が置かれ、海の上の不便を感じさせないほどの豊かな住空間が広がっている。

チャオプラヤー――その都市と住まい

こうして上流域から中流域を経て、下流域、河口域までを概観すると、各地域の異なる地形や水位変化に応じて、建物と水との関係にいくつかの特徴を見出すことができる。

上流域は年間の水位差が大きいのに対し、下流域ではそうした変化が一日で生じる。しかも、激しい変化のために水から一定の距離を保ち、内陸の安定した土地にしっかりとした建物を立地させるのは、上流域の特徴だ。一方、上流域の浮家と下流域のサパーンやターペーでつながる建物は、水上に住むという点で一致する。激しい水位変化に背をむけず、反対にみずから水を生活環境に取り込む。水位変化の周期は異なっても、水に対する姿勢が類似していることは、どちらも同じタイの住まいであることを認識させる。

中流域は穏やかな水位変化を特徴とする。建物は長い年月をかけて川と土砂がつくり出した堤防を充分に活かし、適度に水に近い場所を選び、そこに高床式住居を建てて水と共存する。国土の中央に位置する中流域は、さまざまな水との関わりのなかで、豊かな土壌を育み、人が多く集まる環境を生み出し、栄華をおさめた大都市を多く誕生させた。

総じて、上流域の都市では安定した土地に建築がつくられる傾向を示す一方で、水はけのわるい低湿地もあるため、中流域のようなチャーンやサパーンといった人工地盤を設けるケースもある。中流域の低湿地は、下流域の常に水がある環境とも類似しているため、ともにターペーやサパーンで人工地盤をつくりだす。中流域は上流域と下流域の中間域であり、両方の特色をあわせ持つ。しかしながら、川や水路の規模、土地の高低差によって個々の場所の環境が異なるため、同じ地域や都市を一つの枠に収めることはできない。それぞれの社会的・都市的背景、自然条件をふまえて、その場ごとに水との関わりをより詳細に見ていくことが重要であろう。それでも、流域の特色をにじませながら、上流域から下流域にかけて、タイの水辺の特色が少しずつ重なり合い、グラデーションのように変化しながら住まいと風景を変えていくことは興味深い。

川はタイ語で「母なる水」と表現される。住環境の違いはあっても、人びとの生活はけっして水から遠ざかることはない。むしろ積極的にそれを日常に取り入れようとする。かつて水が豊富で水辺に華や

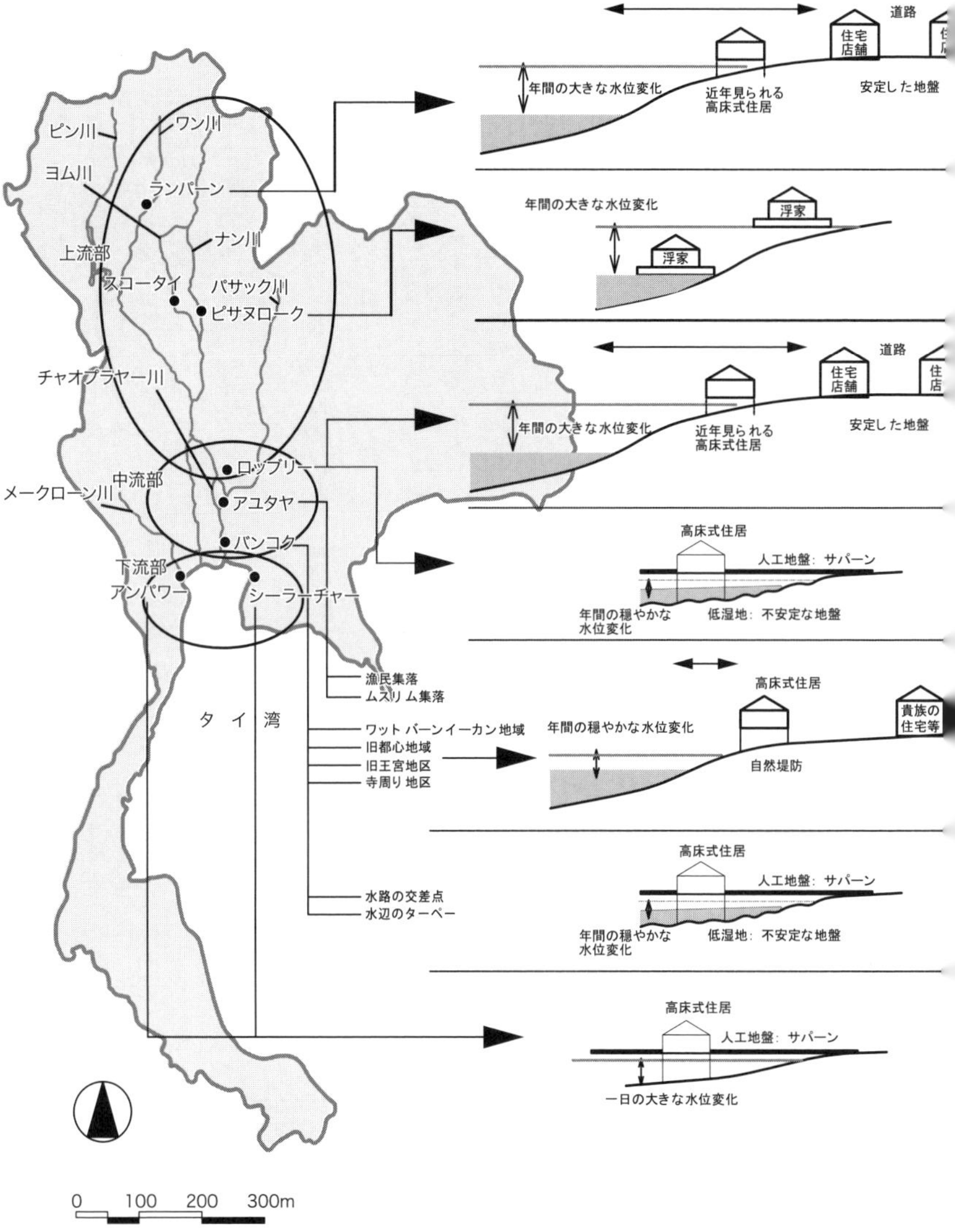

チャオプラヤー川流域の都市における水位差と建物の形式・立地の関係

かな都市を築いてきた日本に生きるわれわれが、タイから学ぶことは多い。

2 タイの住まい

タイの魅力に満ちた水辺都市の事例を見る前に、それを特徴づけるさまざまな住宅について、もう少し詳しく説明しておこう。

タイの伝統的な住宅は、床と地面の関係から建築を分類すると理解しやすい。長い柱を地中に埋め込み床を高くした「高床式住居」、筏などを用いて水に浮く「浮家」、地面にそのまま建てられる「地床式住居」の三つに分けることができる。床上の浸水を防ぐには、まず床高の確保が最も単純な解決法となる。それが大きな要因となって、タイでは高床式住居が最も代表的な伝統住宅であり、自然環境や時代によって床高も様々に変化する。しかし、われわれの研究は、伝統的なもののみを対象としているわけではない。人びとの現在の生活を描き出すためには、近代における都市や住民の生活様式の変化によって生み出された建築にも目を向けなくてはならない。タイの人びとは、その場の環境に応じて多様な住宅をつくり出した。浮家と地床式住居もまた、その例である。

浮家―ルアン・ペー

浮家は、高床式住居と同様にタイの伝統的な住宅形式である。タイ語で「ルアン・ペー」と呼ばれる

20世紀初めのアユタヤの浮家群　竹筏の上に，タイ風の屋根バーン・ソン・タイの建物が載る（Karl Dohring, “The Country and People of Siam”, White lotus Press, 1999）．

浮家は、いまではだいぶ少なくなったものの、かつては水辺都市なら必ず存在していた。雨期による水面の上昇に対応する必要がなく、水に直接浮く浮家は、どのような水位変化が生じても、住宅はただ上下するだけでよい。浮家は、まさに水とともに生きるタイならではの住宅タイプといえる。

浮家には二つのタイプがあり、一つは舟にヴォールド状（トンネル状）の屋根をかけ居室とした「舟型住居」、もう一つは、竹などで編んだ筏の上に建物がつくられ、川に係留される「筏住居」で、現在ではドラム缶を浮きとして利用するケースも多い。

浮家が最も集中したのは、一八世紀から二〇世紀初頭のバンコクである。記録によると、一九世紀は陸上よりも水上居住のほうが一般的であったようだ。七万の水上居住と水上店舗があり、三五万人が水上で居住していたという記録もある。また、浮家は単なる専用の住宅だけでなく、店舗としても使用されたことが、一八二一年から外交使節として派遣されたイギリス人のジョン・クロフォードの日記に記録されている。

一八二二年三月二九日　この朝、われわれは非常に壮観な光景――シャムの首都――に迎えられた。それはメナム両岸に展開していた。点在する土着の小屋と小屋の間を、おびただしい数の仏教寺院と高い尖塔が金メッキでまばゆくきらめく。そしてこれらの間には、この地域では椰子の木と一般的に見受けられる果実の木とテンジクボダイジュが豊富に群生している。河の両岸には竹の筏に支えられ、岸につながれた浮家の列が並んでいる。これらは整然とした、最高の住居であり、上等な中国人商店に占有されている。これら水上居住群の近くには現地の最大級の舟がつなぎとめられてあり、そのまわりには中国からちょうど着いたと思われる巨大なジャンクが並んでいる（マイケル・スミシーズ著／渡辺誠介訳『バンコクの歩み』学芸出版社、一九九三より）。

この日記にもあるように、住人にはタイ系だけでなく、華人も多かった。彼らの多くは、幹線水路沿いに、こうした店舗を多くつくっている。舟がおもな交通手段であった時代には、店舗自体が水上にあることのほうがむしろ自然であると考えたほうがよさそうだ。

同じ時期、一八二〇年代のフィンレイスンによる「中国人の竹筏の上の浮家とタイ人の杭上のヤシ葺きの高床式家屋」というバンコクの記録と絵画にも着目したい。絵画には、水路沿いに浮家が並び、奥に複数の高床式住居が描かれている。奥の住居群に通路となるサパーンは見えないが、手前の浮家には

1821 年頃にフィンレイスンが描いたタイの水辺の風景　手前の水路から浮家，その奥の高床式住居，さらに後方には寺院が描かれている（Henry Ginsburg, “Thai Art and Culture”, Silkworm Books, 2000）．

1680 年代に描かれた水辺の高床式住居　各戸に船が横付けされ，サパーンは見当たらない（前出 “Thai Art and Culture”）．

伝統的な高床式住居で居間のような役割を果たすラビアン、あるいはまだ連続していないターペーのようなものが描かれている。フィンレイスンの別の絵には、高床式住居の脇から川に向かって伸びるサパーンが描かれている。一方、それより前の一六九〇年の別の絵画を見ると、建物はいずれも高床式住居で、各住宅に舟が描かれているものの、サパーンは見当たらない。

　これらから推察でき

るのは、一七世紀末から一九世紀初めにかけて、まず高床と舟に始まり、次に高床とサパーン、さらに高床とサパーン＋水路側にラビアンあるいはターペーを持つ浮家、そして高床とサパーン＋ターペーの連続する浮家（後に高床化）へと至る水辺空間の変化のプロセスである。浮家の増加やターペーの整備という面では、ちょうどアユタヤからトンブリー、バンコクへと遷都し、同時に中国人が爆発的に増加する一八世紀と併行して変化を遂げていると思われるのは興味深い。

その後、浮家は、バンコクで一九世紀中期に疫病の原因、また一九世紀末に交通の妨げとして排除が進む。さらに、アンパワーでは、一九五〇年代の政策による浮家の禁止令に応じて、その多くが固定化された。

地床式住居

柱や束で床を地面から持ち上げず、地面と床がほぼ同じ、あるいは基壇によってある程度の高さを確保した住宅を「地床式住居」と呼ぶことにする。床下の低い揚床式住居や床下部分を居室化した高床式住居とは区別している。とくに、本書で取り上げた事例では、中華系の店舗や洋風の専用住宅、ショップハウスなどがこれにあたる。もともとは、タイの伝統的な建築ではなく、西洋や中国、アジアの近隣諸国の建築文化が影響したものと考えてよい。

中華系の店舗は、華僑によってもたらされたもので、主に木造である。そして、地床式でもっとも多いのが、ショップハウスであろう。アジアでショップハウスが初めて登場したのはシンガポールだ。イギリス人総督スタンフォード・ラッフルズにより、シンガポールの都市計画のマスタープランが作成さ

地床式のショップハウス（ランパーン）

1900年のバンコクのショップハウス（Larry Sternstein, “Portrait of Bangkok”, Bangkok Metropolitan Administration, 1982）

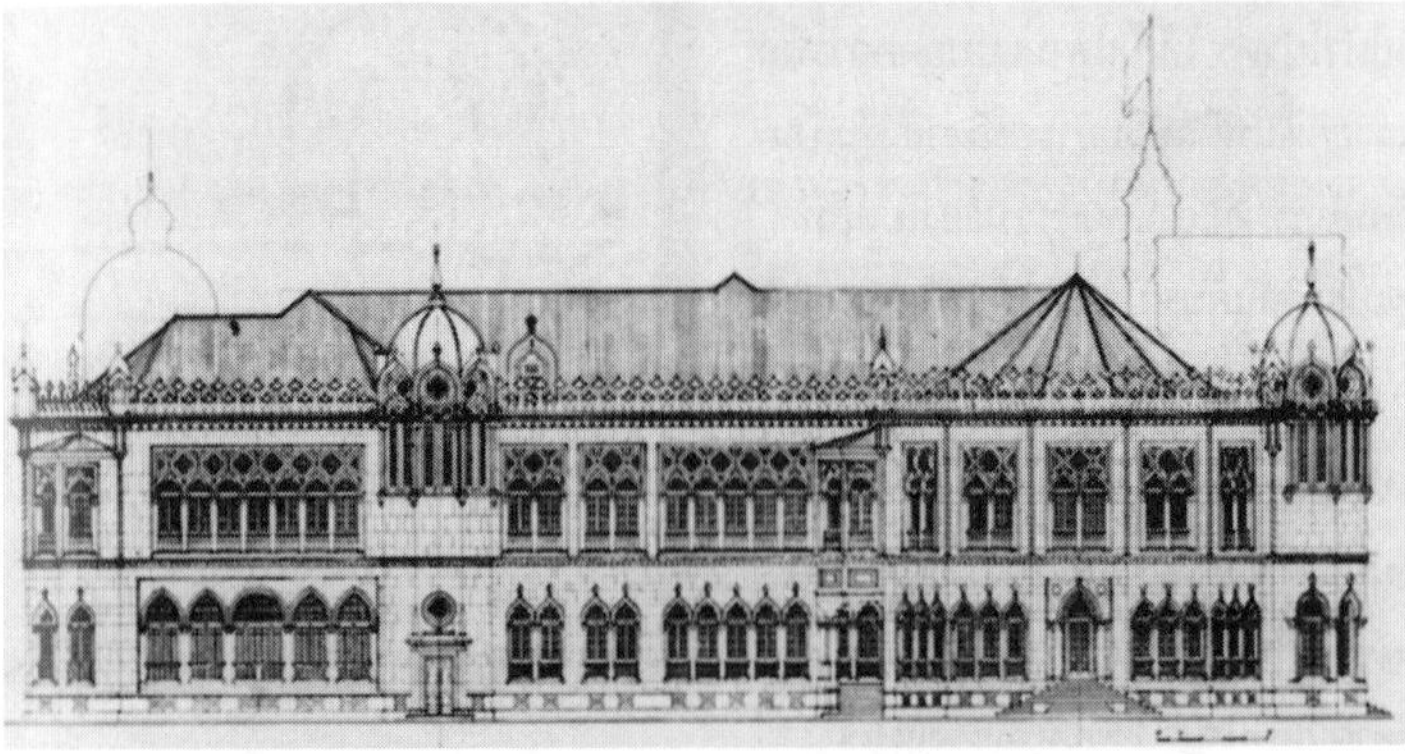

イタリア人建築家 Annibale Rigotti 設計の洋館 Villa Norasingh（バンコク 1925 年, Paolo Piazzardi, "Italians at the Court of Siam", Amarin Printing and Publishing, 1996）

れた際に採用された店舗つきの住宅のことを指す。本書では、誤解されがちな店舗兼住宅のことを単にいうのではなく、このシンガポールの形式を祖とし、その後に戸建てや棟割式の連続店舗として、アジア全体に伝播したものを指してそう呼ぶ。そのショップハウスがタイに導入されたのは、一八五一年から六八年に在位したラーマ四世の頃であろう。当時、タイは一八五五年にイギリスとの通商条約を締結し、西洋諸国との交流を積極的に行

1920年代のバンコクの洋館　高い基壇の上に建てられているのがわかる（前出“Bangkok Then and Now”）．

い、国内の近代化を開始した時期であった。

　一八六二年、バンコク初の近代的な道路である直線のチャルンクルン道路が開通し、その両側には二層の棟割式からなるショップハウスが建設される。その少し前に、バンコクの官僚貴族がシンガポールに視察に行っていて、この道路とショップハウス群は、まさにタイにおける都市の近代化を企図して計画されたものであった。古い写真を見ると、それまでのタイでは、大きな敷地の中央に高床式の母屋がつくられ、敷地境界線の街路沿いに建物が並ぶような光景はほとんど見られなかった。こうした土地の使い方は、ラオスも同じで、近代にショップハウスが導入されて初めて道路と建物が接する街路空間が出現したといってもよい。

　次の一九一〇年まで在位したラーマ五世は、「チャクリー改革」と呼ばれる一連の近代化を成し遂げた。彼は、建築にも造詣が深く、ショップハウスのみならず、多くの洋風建築の建設を積極的に推進した人物である。当時の東南アジアでは、西洋諸国によって植民地化が進められていた。タイは、イギリス領（インド、ビルマ、マレーシア）とフランス領（ベトナム、カンボジア、ラオス）に国土の周りを囲まれていたが、かろうじて独立を保った国である。西洋諸国に飼い馴らされるのではなく、貿易による権利の保障とみずからの近代化を迎合の手段として視覚化させることにより、諸外国を納得させたといえるかもしれない。その一環として、ラーマ五世はイタリアの建築家をとくに重用した。

こうした地床式住居は、重量のあるコンクリートやレンガといった材料が使われることから、多くは水辺から離れた内陸側に置かれるといった傾向が強い。それでも、いざという時に備えて、洋風住宅でも基壇を築いて床をを高くする例が見られるのは、いかにもタイらしい。

高床式住居

さて、ここからはタイを代表する住まいの高床式住居について詳しく見ていこう。地面から高さ二、三メートルに床を張る住宅を一般的に高床式住居と呼ぶ。紀元前より、日本から東アジア、東南アジア一帯にかけて広く分布し、古代アジアに共通した住居形式であることが、最近の発掘調査などからも明らかになっている。そもそも、日本では鉄製工具の発生によって、ほぞ穴の製作が容易になる弥生時代から現れた住居形式と考えられてきた。奈良から出土した四世紀ころの「家屋文鏡」にも高床式住居が描かれている。しかし、近年、中国江南地方において紀元前五〇〇〇年のほぞ穴を持つ高床式住居と推察される遺構が発掘され、日本における発現もより古代にさかのぼる可能性が出てきた。

高床式住居の発生には、人間や穀物の獣、害虫からの防衛、水上や水郷地帯における杭打ちによる建築形式など、様々な要因が考えられている。とくに、水郷地帯によく見られることから、稲作文化と関連づけて説明されることが多い。しかしながら、タイや中国南部の山岳地帯でも高床は典型的な住居形式であり、水郷地帯に特有なものとは限らない。それには、江南の民族がタイ付近まで南下し、同じ形式の住居をつくったという説まである。

高床式住居について、その地の自然環境と住居形式の伝播の関係を歴史的に解き明かすことは容易ではないが、タイを対象に水との結びつきを考えながら、工法まで含めた住居の変遷を探ることは、今後欠かせない作業となるであろう。また、タイでは他のアジア諸国と同様に、人体寸法を基準として高床式住居の部材の長さが細かく決められている。たとえば、大工の家系や寺院では「ナイ・ライ文書」、「ワット・トライローク文書」といった住宅建築書が伝わっている。

バーン・ソン・タイ　カーブを描く切妻の屋根と破風飾りが美しい．タイ全土，とりわけ中部に伝統的かつ特徴的な形式である．

高床式住居には、とりわけタイ中部の伝統的なものに、屋根の形が特徴的な「バーン・ソン・タイ（タイ様式の住宅という意）」がある。熱による対流を考慮して天井を高くできる切妻屋根と、熱帯のスコールから家屋を守るための約一メートルの庇が特徴的な住宅だ。屋根は空に伸びて反り、美しい飾り破風が象徴的である。屋根はかつてイネ科のヤーカーやニッパ椰子といった自然素材で葺かれていたが、最近ではトタンやコンクリート瓦が多く使用されている。自然素材で葺くことは難しく維持も大変であるが、トタンは安く修理もしやすい。その反面、雨が降ると雨音がうるさく、また室内には熱がこもりやすい。

間取りは、「バンダイ」（階段）→「チャーン」（屋根のない移動のための空間）→「ラビアン」（庇下の

バンダイ　階段を上がったチャーンの左側に，風通しのよい休憩場所としてベンチが備え付けられている．

住宅内部のチャーンは作業のための場所でもある．甘いお菓子を作っている．

居間）→「ホン・ノン」（寝室）の順に構成され、奥に行くにつれて私的空間の度合いを増す。

ここで注意しなければならないのは、これはあくまでも一般的な呼称であって、とくにチャーン、ラビアン、ホン・ノンは機能と空間のあり方が必ずしも固定的なものではないということである。つまり、居間や寝室といった機能面から住民がそう呼ぶだけで、空間の形態や規模が一定ではないことのほうがむしろ普通であり、それらの概念はきわめて曖昧である。

右の床の低い部分がチャーン，左の一段上がったところがラビアン，奥の壁に囲まれた部屋がホン・ノン．

さて、地面と高床は、バンダイでつながる。バンダイは大きな住宅の場合、複数設けられることがあり、一つは住宅の表に、もう一つは勝手口の裏に置かれる。また、階段下が水際であれば、水上に小さな屋根を架けて床を張り、休息や談笑、時には食事の場に使われる心地よい小屋がつくられる。こうした水際の小屋を「サーラー」と呼び、環境工学的な調査でもこの場所の気温が最も低かった。

バンダイを登ると、チャーンに出る。使われ方や家により呼称は微妙に変わり、ノーク・チャーン、チャーン・バーン、パライなどと呼ばれるが、中庭のように屋根のない空間であることは共通している。

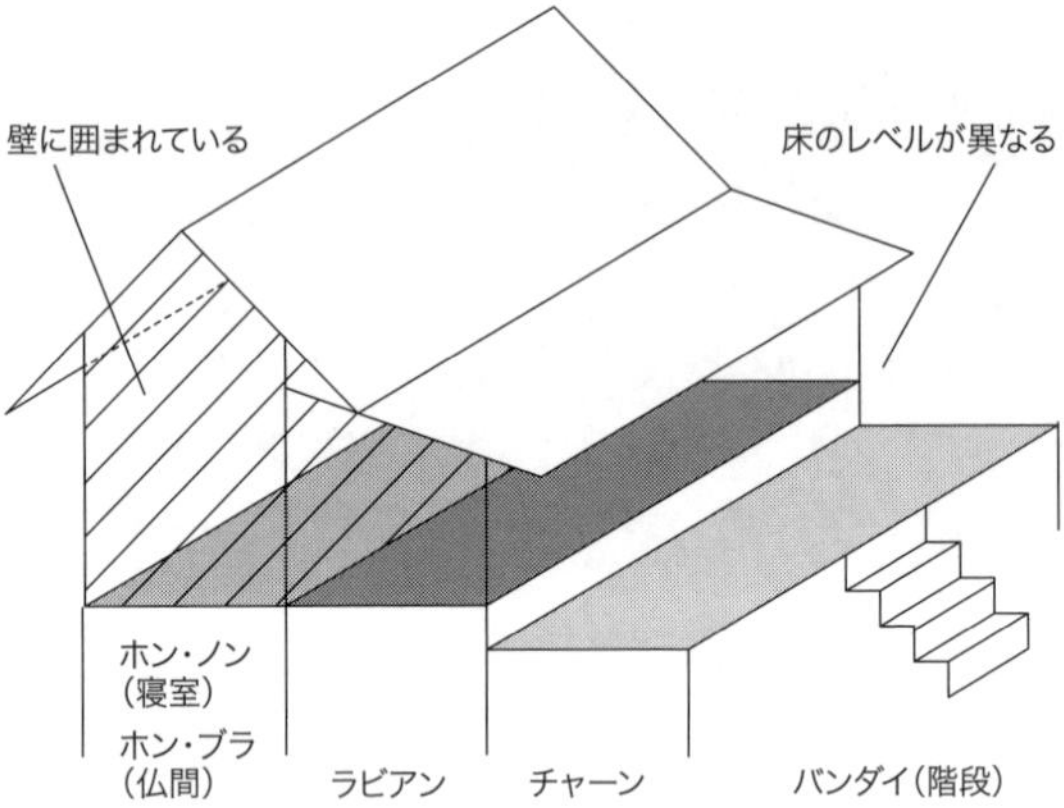

高床式住居の概念図

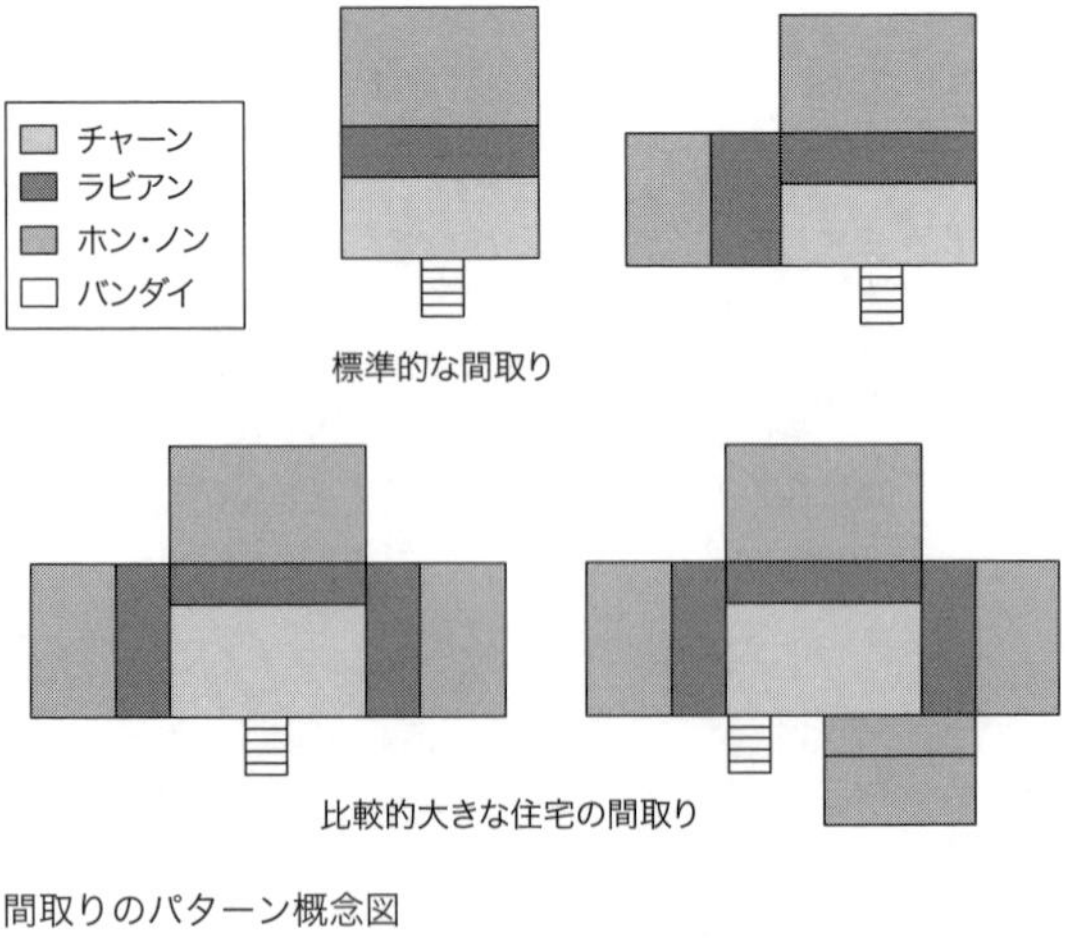

間取りのパターン概念図

主に、棟と棟との移動に使われ、異なる空間を接続するための場で、雨期や増水時に床下の水の上に存在する、いわば人工地盤である。

　このチャーンと段差をつけてつながるのが、次のラビアンだ。普通、幅二、三メートルほどのテラスや回廊に似た空間ではあるが、タイの住宅にはもっとも重要な場所となる。ラビアンは昼寝、休息、食事、談笑、接客など多目的に利用され、居間に似た役割を果たす。すべての日常生活がここで行われるといっても過言ではない。チャーン側には一切の壁を設けず、風通しがよく、長い庇が日中の強い日差しから守ってくれる。われわれのように生活の行為を室内外のどちらで、あるいはどこで行うかといった固定的な概念を彼らはあまり持たない。その時々に応じて心地よい空間で生活するのだ。彼らの柔軟さが生み出すタイならではの住空間が、この多目的なラビアンといえるだろう。そして、ラビアンとチャーンの段差には意味がある。たとえば、宗教儀式の際には、僧は一段高いラビアンに、住人は低いチャーンに座る。高さの違いが、その場の格式をも表すのである。

寺院の壁画に描かれた説法の様子　最も高い台座に座るオレンジ色の袈裟を着た高僧を中心に，その下の一般の僧侶，さらに一段低い場所の男性，最も下の女性と子供というように，タイの建物は段差そのものに意味がある（1800年代前半，Wat Pathumwanaram）.

ラビアンの奥には、壁で囲まれた寝室のホン・ノンが置かれる。日中は鍵を閉める家も多く、ホン・ノンはたんに寝るためだけではなく、貴重品を置く場所としての意識が強い。ホン・ノンの一角だけを壁で囲い貴重品を収納する部屋とし、壁のない場所に就寝することも多い。住民は壁がなくてもそこをホン・ノンと呼ぶ。その場合、壁で囲われた部屋を新婚夫婦のためのホン・ホーとするケースがいくつか見ら

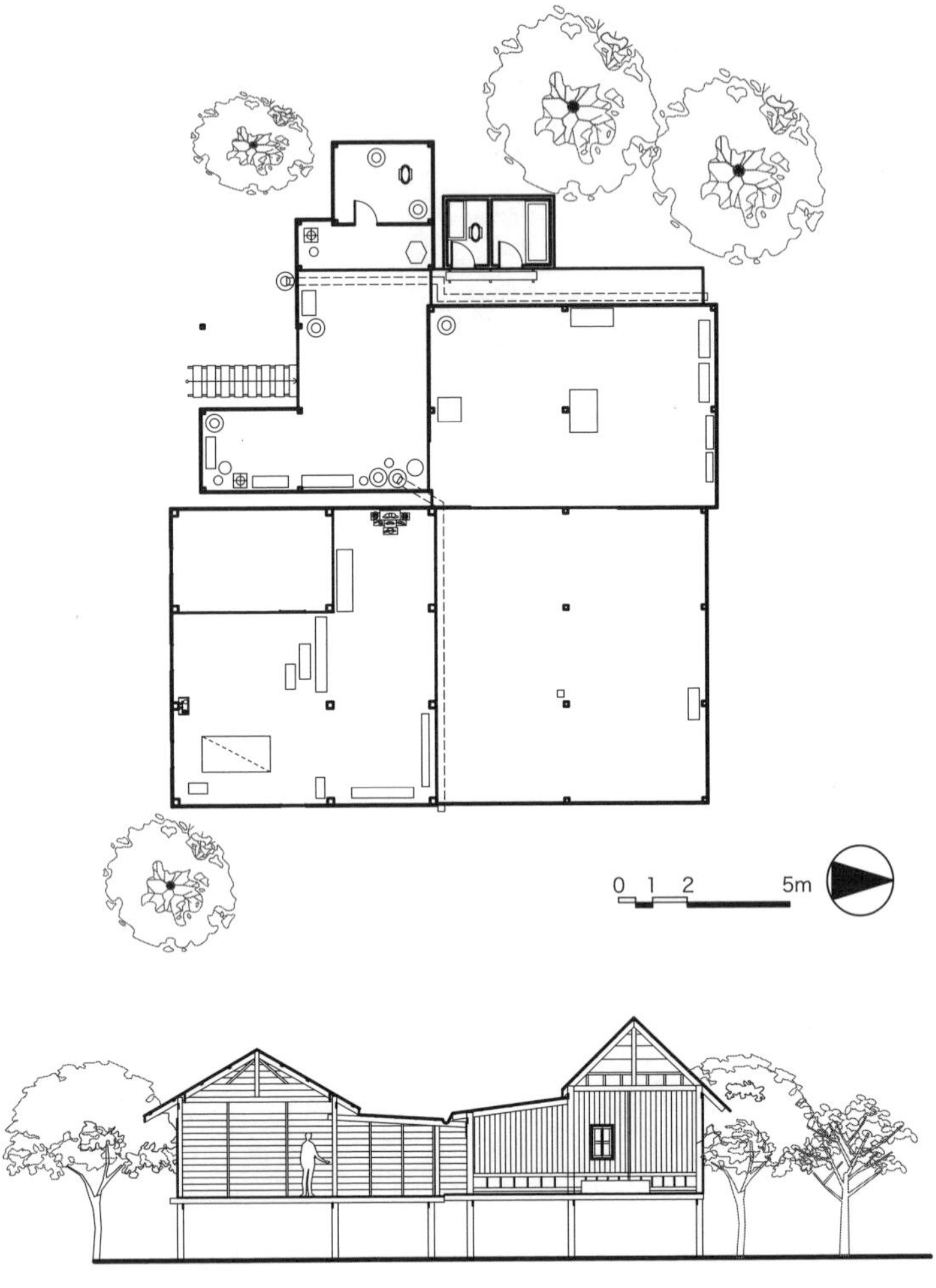

高床式住居の事例；〈スコータイウエスタン〉（スコータイ）

（上）　屋根を架けて半室内化したチャーン
（左）　雨樋の先端の軒下に置かれた水がめ

れた。タイでは母系が一般的で、とくに末娘が家を継ぐ。山岳タイ族やその系統の少数民族の風習が、都市部でも見られるのは興味深い。時代や立地条件で住宅が変化しても、こうした儀式の空間だけは継承されることを示す一つの例といえるだろう。また、大規模な住宅になると、ホン・ノンの脇に仏像を納めるための専用の仏壇部屋であるホン・プラを置くことがある。

すべてを屋根で覆い、壁で空間を分節する住宅に対し、このように床、壁、屋根などを巧みに使って空間を意味づけていくタイの家は、住宅の中にいるときでも屋外に感じられるような開放感のある空間を多く持つ。したがって、基本的にはバンダイ、チャーン、ラビアン、ホン・ノンから構成されるが、それらの棟数や組み合わせ方は、実にバリエーションに富む。そうした中で、パブリックからプライベートな空間へと緩やかに変わっていくことは共通している。

ところで、床下には、増水時に使用するための舟が備えられ、雨水を利用するための大きな水瓶が置かれる。加えて、水が上がってこない時期の床下は、陽の当らない涼しい環境を利用し、店を営んだり、作業場となったり、人びとが集まる場として利用される。今日では、床下部分に床や壁を張って室内化する傾向も見られる。ダム建設などにより、治水管理が強化されたためで、不意な増水時には、床下の家具をすべて床上に上げ、生活スタイルをいとも簡単に変化させる。

高床式住居は、現在でも普通につくられる。都市化が進むタイだが、それは人びとの生活が一方的に近代化、陸上化していることを示すものではない。首都バンコクでも、再び水上交通が見直され、いまも水辺に住宅を持とうとする人びとは少なくない。

床下の柱は、二〇世紀初頭から腐食を防ぐためにコンクリート、あるいはレンガで補強されることがあった。また、階層に関係なく、貴族の洋風住宅にさえも高床式が採用される。建設年代や住民の階層が異なっても、その場ごとの環境に応じた柱の長さを持つ高床式住居は、タイの人びとの伝統であると同時に、住まいの意識に深く根づいた建築のタイプといえるだろう。

そして、住宅そのものも最初のままであるケースは少なく、増改築あるいは移築を繰り返し、必要に応じて自由に変化していく。増改築には、もとからある部分に屋根をかけたり壁をつけたりするもの、床下部分にレンガを積み室内化するもの、また新しい棟をつくってチャーンでつなぐものなど、さまざまな方法がとられる。それにより、空間の名称も変化する。だからこそ、部屋の呼び方が曖昧になりやすいといえる。

タイの住宅は、きわめて融通の利く、いわばやわらかな空間を持ち、屋根を載せれば使い方は変わるし、壁をつくれば寝室となるといったように、変化は容易かつ頻繁に行われる。その変化は、都市の変容にともなう外的要因や、居住者のニーズによる内的要因によって起こり、住宅はその時代時代で居住者により住みこなされていく。

高床式住居の増改築と移築

タイの高床式住居を調べていると、増改築や移築がかなり頻繁に行われていることに気づく。日本では、壁紙の貼り換えや水周りの設備を新しくするといったリフォームの類がよく行われるが、住宅の増改築となると話は別だ。長い間住んでいる住居に対し、もう少し増改築が簡単にできればと考えることも多いのではないだろうか。実際に、家を新築する際、のちにその家が増改築に対応できるかどうかは重要なポイントになる。そうしたなかにあって、タイの住宅は、その対応の幅の広さにまず驚かされる。

タイの高床式住居は、創建当時そのままの姿で現在に至るケースがほとんどない。居住者のニーズに合わせて、増改築や移築を繰り返し、その時々にあった形へと変化していく。たとえば、チャーンに屋根を架ければそこは居間へと変わり、ラビアンに壁をつければそこが寝室となる。

タイの高床式住居は、北・中部のチーク材をふんだんに使ったものを除けば、二〇人もいれば全体が持ち上がるほど軽く、解体して水路を利用すれば容易に移築もできる。また、住居の柱に貫《ぬき》の跡を見つけることも多々ある。増改築、移築を繰り返しながら、古材も再利用されている。

このように、タイの高床式住居は、居住者のニーズに応じて変化するきわめて融通の利く柔らかな空間構成を持つ。この変化は、家族の増加や独立といった内的要因と、雨水利用から上水利用への移行、あるいは水路の水を利用しなくなるといった外的要因による。

20人ほどで持ち上げられ移築されているタイの高床式住居（"The Journal of the Siam Society" Volme 86, Parts 1 & 2, 1998）

調査を行った増改築の例として、元からある部分に屋根を架けたり壁を設けたりするもの、また堤防の整備などで洪水の心配がなくなった場所では、床下にレンガを積み居室化したものを頻繁に

寺院の壁画に描かれた移築中の左下の高床式住居と舟からチャーンを経て，ラビアンに物が運ばれている右の住居の様子（1800年代前半，Wat Pathumwanaram）.

見かける。なかでも、屋外空間であるチャーンに屋根や壁を設け居室化したケースが多い。その空間の用途も多様に変化し、チャーンから「ホン・ラップ・ケーク（接客室）」、「ホン・トーン（ホール）」、もしくは「ホン・ナン・レン（家族室）」と変わる。このように、壁や屋根を既存の空間につけ足すことで、居室を増やす増改築、またそれにともなう空間の用途や呼称の変化は、調査を行ったほぼすべての高床式住居で見られ、タイの伝統的な住宅の大きな特徴といえる。

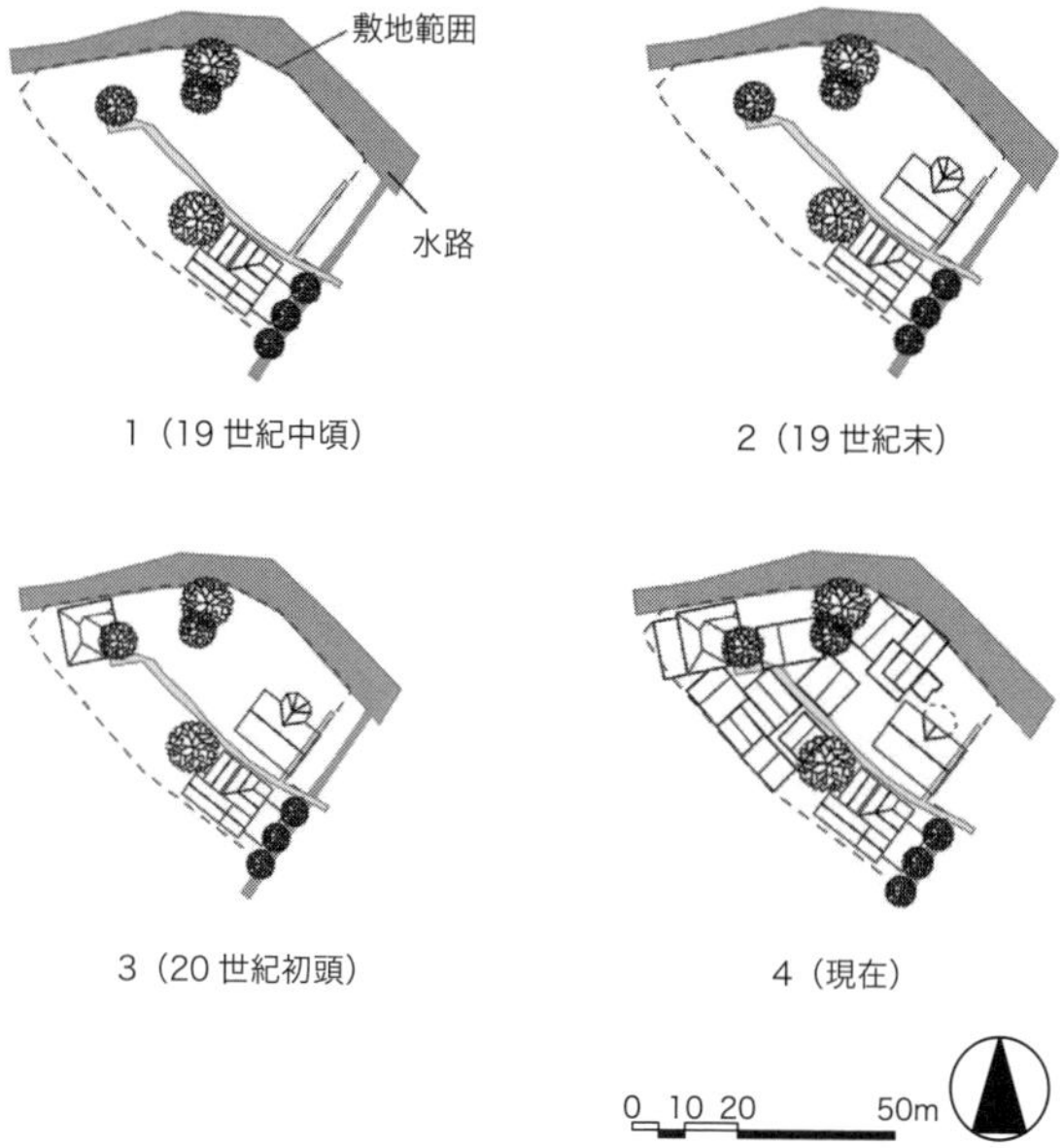

敷地内の増築の事例　水路から離れた安定した土地に始まり，徐々に水辺に増築されていることがわかる（バンコク・トンブリーの旧都心地区）.

さらに、住宅の増改築をたんに屋根や壁といった部分的なものとして捉えずに、敷地規模や住宅の棟の数の変化まで含めて考えると、大きく二つのケースが見出せる。

第一に、敷地レベルで行われる増築がある。子供や親族が多くなり、敷地内の空き地に別の戸建て住宅を新築あるいは移築し、一つの敷地に親族が集住するケースである。この

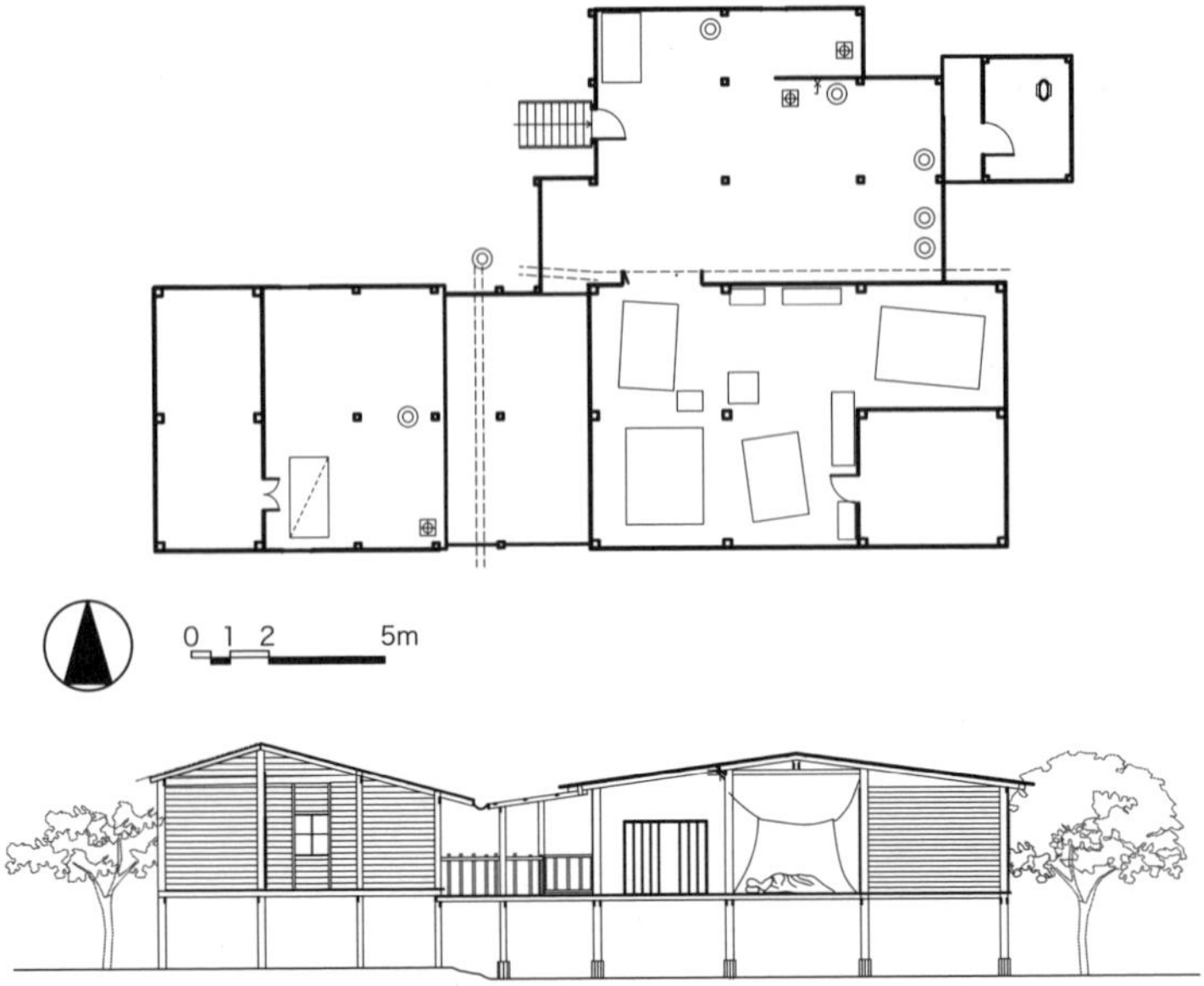

チャーンを中心とした増築事例；〈スコータイラビアン〉　最初は東側の一棟だけであったが，チャーンを介してその西に別棟がつくられ，さらに南側に大きなチャーン（現在は屋根を架けて半室内化）とトイレが増築された（スコータイ）．

種の行為は、親から独立する子に対して行われることが多い。親族間による敷地内の増築は、農村から都市に至るタイ全土で広く見られる。とくに、都市部に広大な土地を所有する官僚貴族の子弟の屋敷地では、こうした増築のケースが多い。

第二に、住宅レベルで行われる増築がある。とくに多いのがチャーンを介して別棟を増築するケースだ。創建当初は母屋一棟だけだったものが、チャーンを中心に一つ、また一つと棟を加えていくのである。

これら増改築は、そもそもタイの住宅が、敷地いっぱいに建物をつくり埋めつくさないこと、同時に高床式住居に特有のチャーンが存在することが、それらを可能にしているといえる。

アユタヤで、ある水辺の住宅を調査したことがあった。そこでは、母屋の前に、年頃の娘のために別棟を建てていた。いずれも高床式でつくられ、別棟は二階建てである。しかし、その二階がまだ建築途中で完成していない。家主にいつごろ終わるのかを尋ねたところ、すでに五年の歳月をかけてゆっくり建築しているのだから、いつ完成するのかはわからないという。衝撃だった。ここでは、住宅は最初から完成していなくてもよいのである。むしろ、その時々の状況に応じていくらでも変更できるのだから、このほうが理にかなっていると話す。増改築や移築が容易であるという物理的な側面だけでなく、そもそも住宅そのものに対する考え方が違う。つまり、住宅は消耗品ではないのだ。最初から完成していて、その状態を頂点とし、あとは古くなっていく一方、というものではないということを教えられた。タイでは、まるで住宅が生き物のように成長する。こうした住宅建築の手法と考え方は、現代の日本でも評価されるべきであろう。

II

天使の都・バンコク

1　バンコク・トンブリー――水上の多民族都市

現在のタイの首都としてバンコクと呼ばれる地域は、チャオプラヤー川西岸のトンブリー側と東岸のプラナコン側からなる。

一七六七年四月、アユタヤ王朝はビルマ軍の侵略によって滅亡した。その年の一〇月、今度はタークシン王がビルマ軍を破り、アユタヤから見てチャオプラヤー川の下流に位置するトンブリーに王都を築く。王宮は、バンコク・ヤイ水路がチャオプラヤー川に入る交通の要衝に置かれた。アユタヤとチャオプラヤー川河口の中間に位置するトンブリーは、海外貿易に有利な立地を活かし、中国との貿易を財政の基盤とする。

その後、一七八二年に後のラーマ一世となる武将チャオプラヤー・チャクリによって、現チャクリ王朝が誕生する。その時、王の即位とともに、王都はトンブリー対岸のプラナコンに遷都された。以後、この都市は、今日に至るまで首都であり続けている。現王宮はチャオプラヤー川が西に向かって大きく蛇行する川の屈曲点に位置する。トンブリーと比較すると、より低湿地で住環境の悪い土地に遷都した理由は、アユタヤを滅亡させたビルマの脅威に対し、防衛しやすい土地であったからといわれている。西を流れるチャオプラヤー川は優れた防衛線であり、東には低湿地が限りなく続いていたのである。タイ人はこの地を「クルンテープ」と呼ぶ。「天使の都」という意味で、まさにこの地に込められた特別な思いがそのまま表現されている。

水路の開削

トンブリーの都市は、蛇行してつながる北のバンコク・ノーイ水路と南のバンコク・ヤイ水路との間に位置している。もともと、この二本の水路はチャオプラヤー川の本流であった。しかし、アユタヤまでの航路を短縮し、対外貿易を有利に進めるため、一五四二年、蛇行する川の最短部分に短絡水路を開削する。その後は、この短絡水路が本流部分となった。それまでにも、大きく蛇行していたチャオプラヤー川に、いくつかの短絡水路が建設されている。従来の水路や新たに開削された水路からは、人びとの生活のために数多くの小規模な水路が引かれた。管状のバンコク・ヤイ水路とバンコク・ノーイ水路の両側からも多くの水路が枝分かれしている。遠く他県に至るサナムチャイ水路やパ

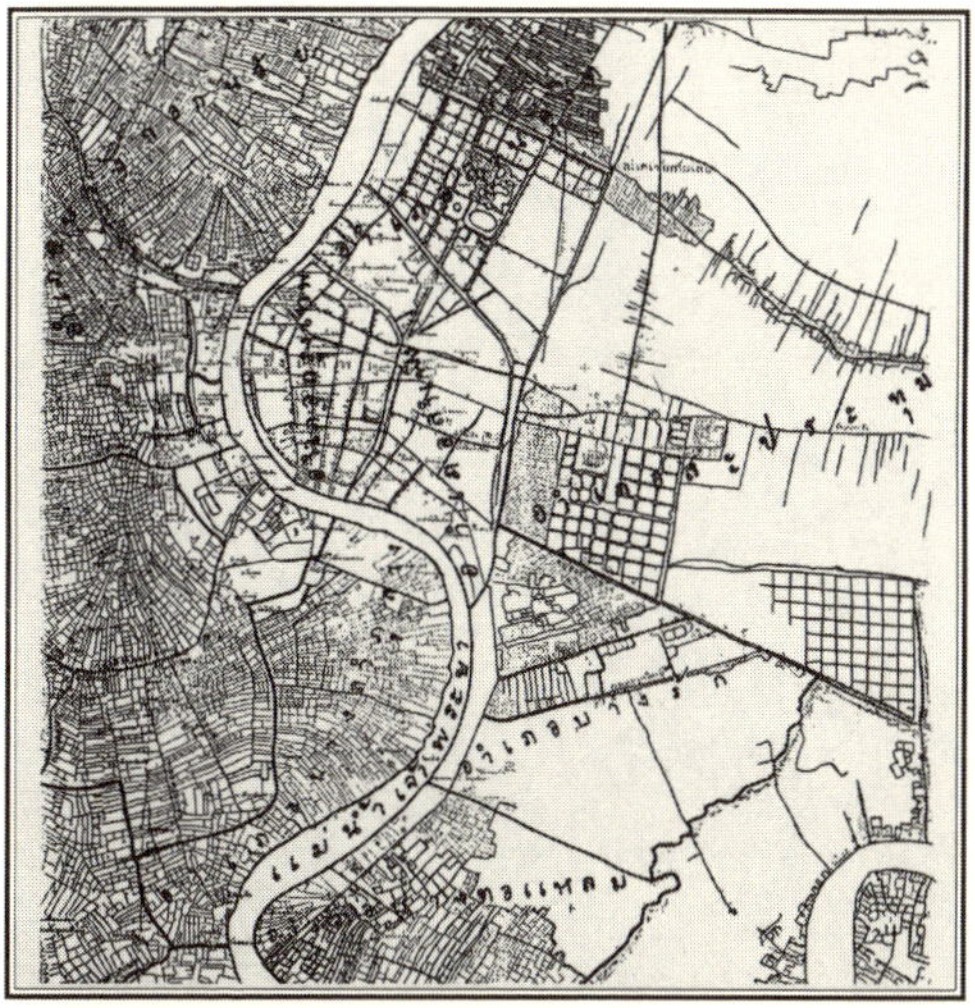

バンコク 1896 年　上から下に蛇行するチャオプラヤー川を境に，左の西側がトンブリー，右の東側がプラナコン．プラナコン側が道路を軸に都市を構成しているのに対し，トンブリー側は大小無数の水路が網の目のように巡って地域を組み立てているのがわかる（前出 “BANGKOK 1946-1996”）．

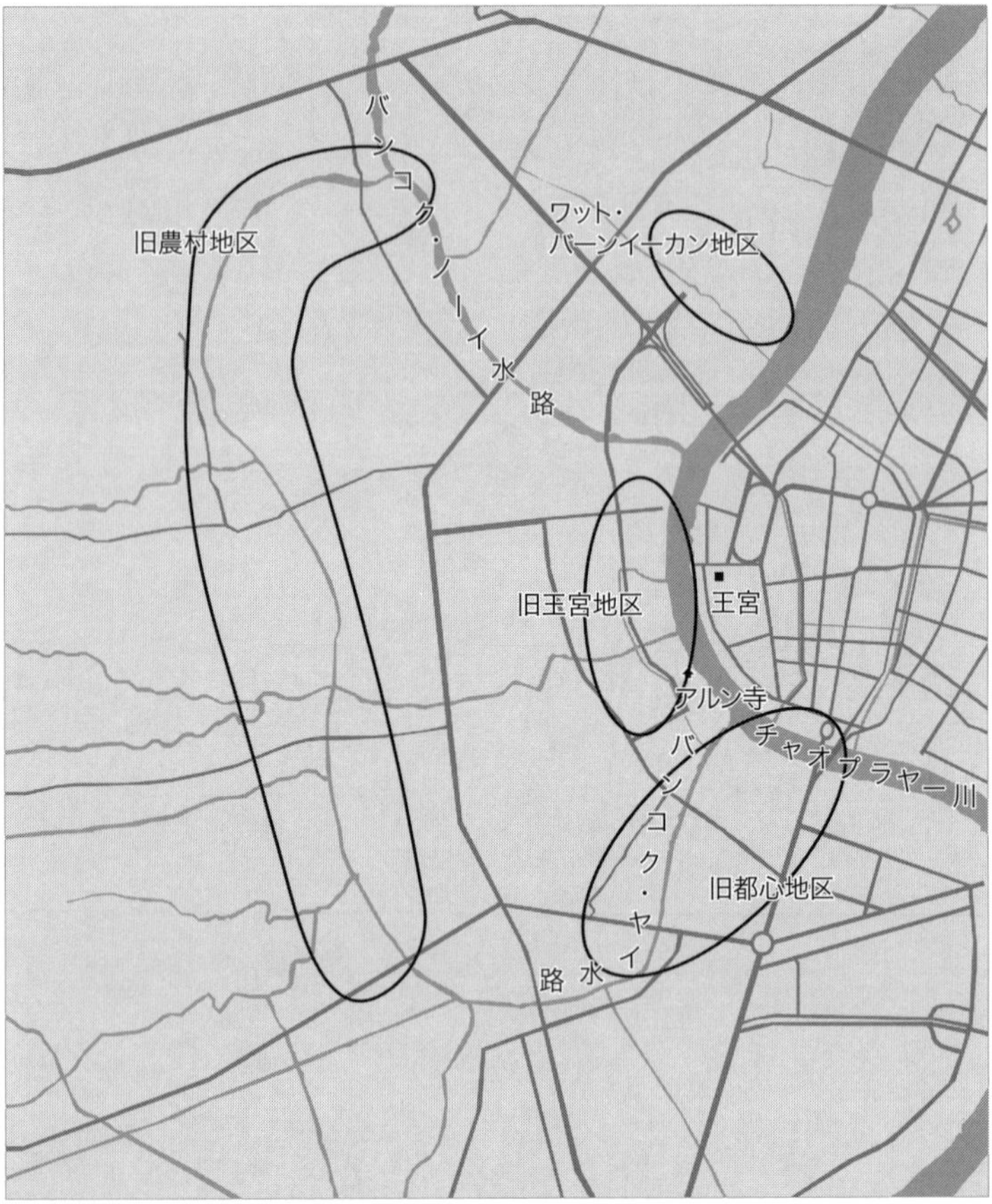
バンコク・ノーイ水路
ワット・バーンイーカン地区
旧農村地区
旧王宮地区
王宮
アルン寺
チャオプラヤー川
バンコク・ヤイ水路
旧都心地区

対象地区

ーシーチャルン水路から、すぐ近くの水路をつなぐモーン水路まで、その規模は様々だ。一八二二年のジョン・クローフォードの日記には、当時の水路や人びとの様子が次のように記されている。

水上は非常ににぎやかな状態を呈している。無数の、あらゆるタイプとサイズの小船があちらこちらに行き来しているのだ。その数の多さには、われわれは少なからず感動を覚えた。そして、このバンコクには少数のしかし、いや、もしかしたらまったく道がないのではないかと思われた。そのため、この川や水路は公共幹線道路として、物資のみではなく、あらゆる階層の人をも搬送しているように思われた（マイケル・スミシーズ著／渡辺誠介訳『バンコクの歩み』学芸出版社、一九九三より）。

20世紀初頭のバンコク・ノーイ水路　いまではモーターボートが主流だが，このころはまだ手漕ぎの舟であふれかえる（前出 “The Country and People of Siam”）.

バンコクでは多くの水路が開削され、水との密接な暮らしが営まれている。しかしながら、今日の都市化にともなう道路建設が相次ぐ中、プラナコン側ではその姿が徐々に見られなくなった。その一方で、各地区が水路でつながるトンブリーでは、いまなお水路と深く結びつく日常生活が展開している。家々が水路沿いに面して建てられ、人びとは舟を日常的な交通手段としていまだに利用している。舟には、モーター船もあれば、手漕ぎ舟もある。子供たちが川で遊ぶ穏やかな光景も目にすることができる。

立地の原理

アユタヤを継承するバンコクもまた、多様な民族や宗教からなる都市である。遷都の際に、華人、ムスリム、モーン人、ポルトガル人、ラオス人、ベトナム人、カンボジア人が居住し始めたのである。そのため、バンコクには仏教寺院をはじめとし、華人やキリスト教徒、ムスリムによる多くの宗教施設がある。トンブリーでは、上座部仏教の寺院、中国廟、教会、モスクを確認することができる。住民はそれらを核にしながら住宅を建設し集落を形成している。

水路に向く多くの寺院は、水際ではなく少し内陸よりに位置している。寺院はレンガや石などの重量のある材料で建築されるので、安定した地盤に立地しなければならないためだ。したがって、岸には奥に寺院があることを示唆する「サーラー・ター・ナーム」と呼ばれる船着き場兼休憩場が設けられ、そこから寺院に向けて直線的な参道が延びる。つまり、船着き場と寺院に象徴的な同一の空間軸を設けて、内陸の寺院の存在を示しているのである。そして、参道沿いには住宅や店舗がつくられ、門前町を形成することが多い。

対中国貿易に関わるため、またタークシン王自身が中華系の血を引くこともあって、トンブリー王朝時代から華人は主要な集団として至る所に居住していた。そのため、中国廟が多く建設された。その本堂は川に対し開き、川からの距離の違いは廟の規模によって多少の違いはあるものの、水上からその姿を確認できる位置に置かれている。この点は寺院の立地と大きく異なる。廟の近くにも商店街は見られるが、仏教寺院ほど内陸に引き込まれることはないので、川からその商店街を通って廟に向かうというアプローチは形成されない。同様に、トンブリーのキリスト教教会とであるサンタクルース教会もまた、川からすぐの場所に位置し、そのファサードを水辺に象徴的に示している。

一方、モスクは水辺に立地することがあまりなく、川に対しての象徴性を持つケースが少ない。参道のように強調された空間軸を持たず、むしろ東西軸を強調する。宗教上の理由から、西の聖地メッカに向くことが重視されているためだ。

さて、こうしたトンブリーにあって、次の四つの特徴的な地区を見ていきたい。もともとはチャオプラヤー川の本流であった管状のバンコク・ノーイ水路を進み、南下したあたりから北のノンタブリーにかけては、かつて菜園や果樹園の広がる地区であった。いまは住宅地となったこの地を「旧農村地区」とした。この地区では、さらに水路の交差点に廟と一体となって形成された集落、水路に沿って直線的に連続する集落、仏教寺院を中心に円形の水路に沿ってつくられた集落を事例として見ていきたい。二つめは、バンコク・ノーイ水路北部の「ワット・バーンイーカン地区」である。三つめは、「旧王宮地区」をとりあげる。ここは、トンブリー王朝期に王宮など重要な施設が建設された地区である。四つめは、様々な民族や宗教の集まるトンブリーらしい「旧都心地区」をとりあげる。

地形などの自然条件の違いや水路ごとに異なる空間構造を明らかにし、プラナコン側ではすでにみられなくなったバンコク本来の水と深く関わる都市の姿を描き出してみたい。

い。

旧農村地区──宗教施設と一体化する集落

チャオプラヤー川からバンコク・ノーイ水路に入り、水路が大きく二股に分かれる場所に廟と周辺が一体となった空間がある。潮州からきた華人によって、中国廟を中心に形成された集落だ。このように、中国本土からタイにきた華人が廟を建設し、その周辺に集落を形成するケースが旧農村地区では実に多い。

水路が二股に分かれる部分は船着き場となっている。そこから廟に向かって集落が伸びる。集落内の各住居は木造で、幅が一メートルほどのサパーンと呼ばれる桟橋によってつながり、水位が上下するたびに川岸のラインも前後するような環境にある。一九五〇年代以降は、法律によって政府が立てた電柱より川側に住宅をはみ出してつくることが禁止された。聞き取りによると、船着き場の横の食堂は、席が水上の高床式部分にあるが、かつては陸上に位置していたという。つまり、二つの水路に挟まれているので、波による土地の浸食によって水路幅が広がり、集落の床下にまで水が広がったのだ。いまでは、集落の大部分が水上に位置している。同時に、廟に至る陸地の通路がなくなったために、人工地盤のサパーンを設けてアプローチできるよう対処したという。

バンコクでは、寺院や廟などの多くの宗教施設が水辺に面して建設されている。しかし、この集落の廟は、モスクと同じように比較的内陸に位置している。時代による水位のコントロールの程度によって、宗教施設の立地に変化が生じた例かもしれない。

集落の形成の過程を推察すれば、のちに親族が増えたり、新たに住宅を建築するとき、ここでは水の利便性の高い水路沿いに広がることよりも、むしろ奥の廟へ向かうように、水路から内陸に向かって集落が伸びていったのではないだろうか。

一方、食堂は水路が二股にわかれる場所に位置し、二面が水路に面している。南側と東側が水路に接

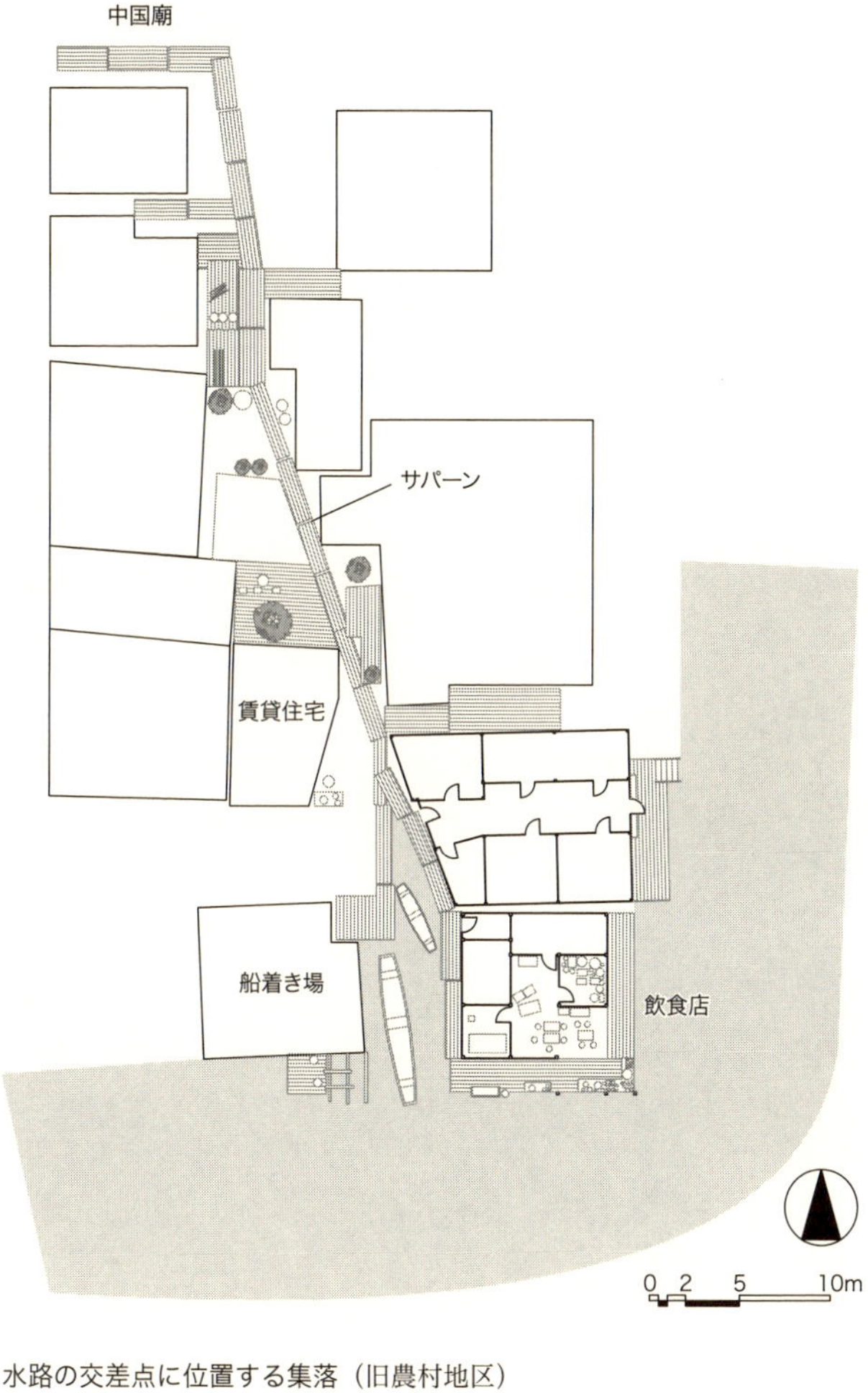

水路の交差点に位置する集落（旧農村地区）

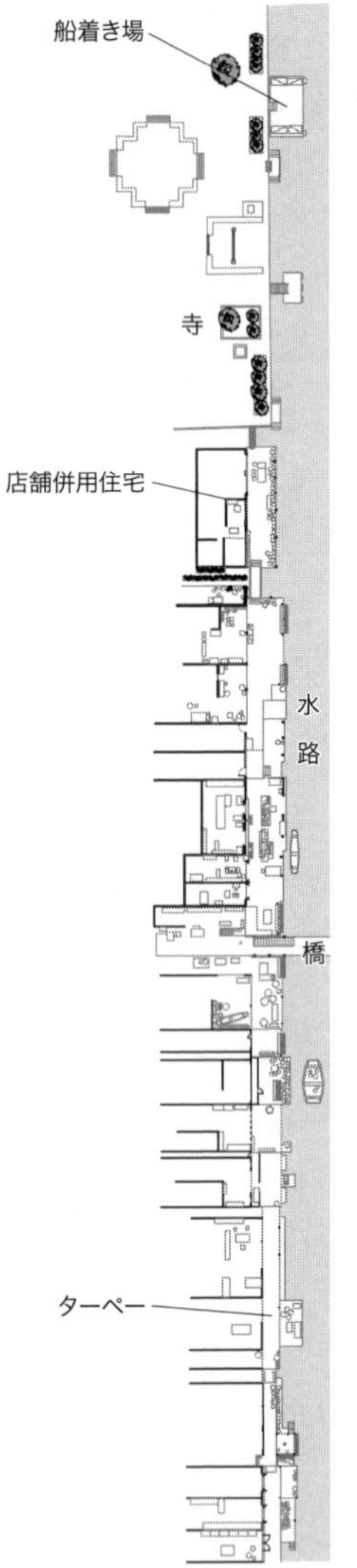

ターペーの連続する集落
（旧農村地区）

し、西側は船着き場やサパーンにつながっている。タイの住まいは正面の側に開放的な空間を設けるので、ここでも水路側の東と南に壁のない半屋外空間がつくられている。屋内から屋外への動線を二つ持つので、それ以外の伝統的な空間構成は見られない。

食堂の北隣は賃貸住宅である。東側は水路に面しているので、水路から直接アプローチできる階段と半屋外空間が設置されている。サパーン側にも入り口が設けられているが、半屋外空間はない。この住宅においても動線が二つあるため、伝統的な空間構成をとっていない。

次に、水路と平行に連続する集落を見てみよう。

この集落では、水路沿いの庇下の半屋外空間を通路とし、それが一〇〇メートル以上にもわたって連続し、そこに店舗や住宅が建ち並ぶ。トンブリーではこの通路をター・ペーと呼んで、他の通りと明確に区別している。ターは港あるいは船着き場、ペーは筏あるいは筏状に横に並んだものという意味で、まさに水路沿いに店舗が並ぶ港の通路であることを表している。

橋の欄干に記録された集落の開発経緯

この集落は、一九三七年に華人系の商社と銀行が出資して港を開発したことが、橋の欄干に記されている。ここの住民の多くも、中国潮州からの華人であることが聞き取り調査から確認された。

かつて、この集落の水路では水上マーケットが開かれていた。水上マーケットでは、売る人も買う人も舟でやってきて、舟上で商品の売買を行う。同時に、ター・ペーに沿って多くの店舗があるので、舟と店の間でも商品のやり取りが行われた。また、このター・ペーの始点には寺院がある。その前方には船着き場もある。人びとは集落の目前の水路を通って寺院に向かう。そのため、この水路や商店街は門前町のような役割を果たし、商業地として発展した。

ター・ペー沿いの建物の多くは店舗併用住宅である。前面の棟で商売を営み、奥が居住空間となっている。多くの店舗が水路に面することができるように、狭い間口で隙間なく並んでいる。した

地先に住人の植木が並ぶターペー

がって、住空間を増やすためには、水路に対して奥に増築するしか手段がない。そして、ター・ペーは各戸の前面にそれぞれの手によって築かれる。寺院や船着き場へ行く人も利用できる通路であり、一見すると公道のようにも見える。だが、間口の地先分は、歩行に支障がない程度の占有が許されている。ター・ペーは一般に開放されながらも、一方でテーブルやイスが置かれ、家々の植栽が並んだりして、半公共的な空間として使われ、タイの水辺の商業地に欠かせない要素となっているのである。

旧農村地区の最後に、寺院を中心とした円形集落を見てみたい。

トンブリーには、バンコク・ヤイ水路とバンコク・ノーイ水路の二本の大きな水路がある。その二本を結ぶようにチャクプラ水路があり、さらにその支流にワット・バーンウェークという寺院が位置している。一九〇〇年頃に建設されたこの寺

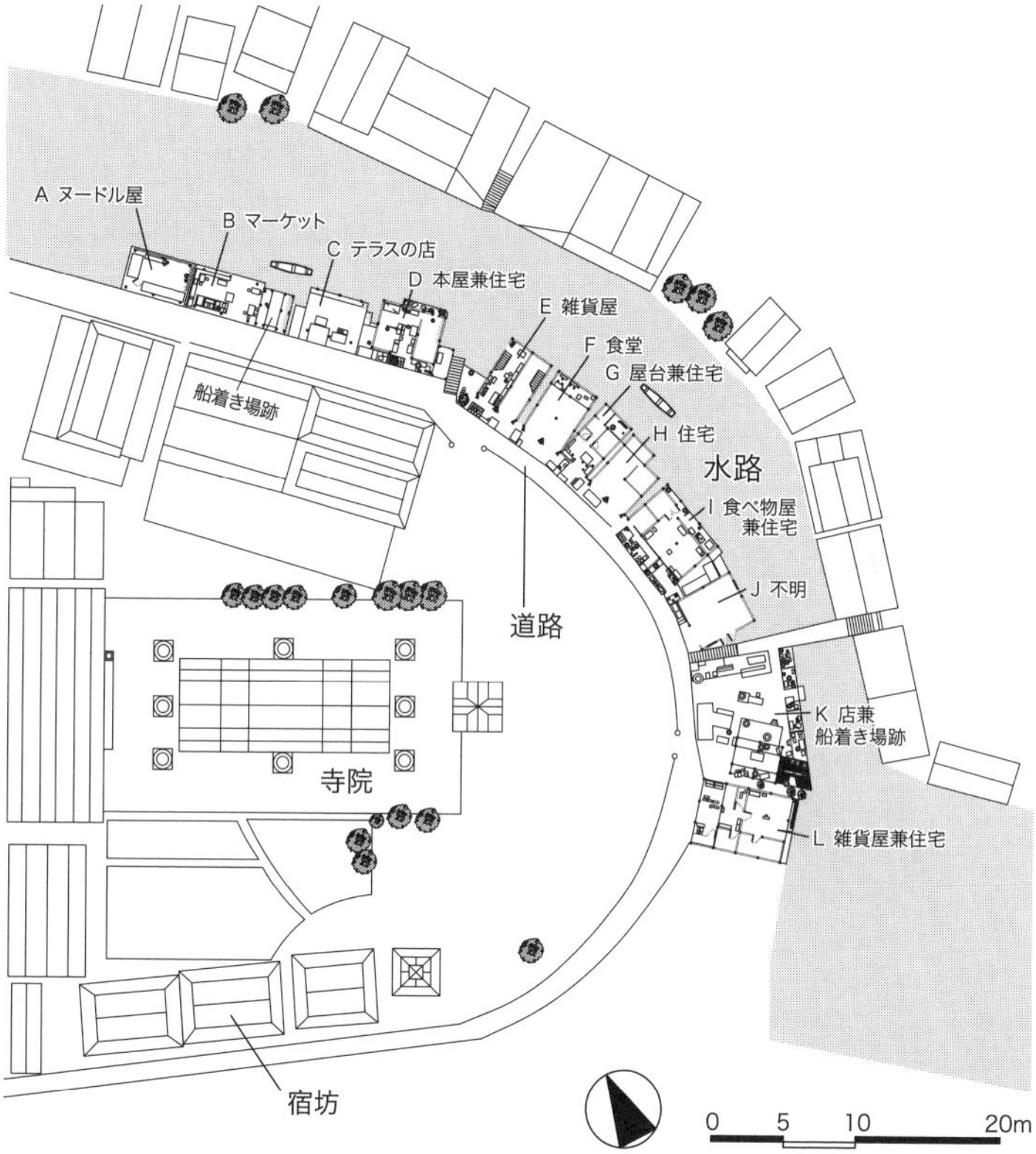

寺院の周囲に形成された円形の集落（旧農村地区）

院の周りには、弧を描いて流れる水路に沿って、二〇軒ほどの建物が軒を連ねている。

寺院を中心として形成されたこの集落では、水路と寺院の間に幅二メートルほどの道路が通り、その道路に正面を向けながら、水路との間に店舗併用住宅が並んでいる。集落の南端には、水路のちょうどアイストップの位置に寺院の船着き場があって、水と宗教施設が一体となった象徴的な空間構成をとっている。また、集落の北側には市場

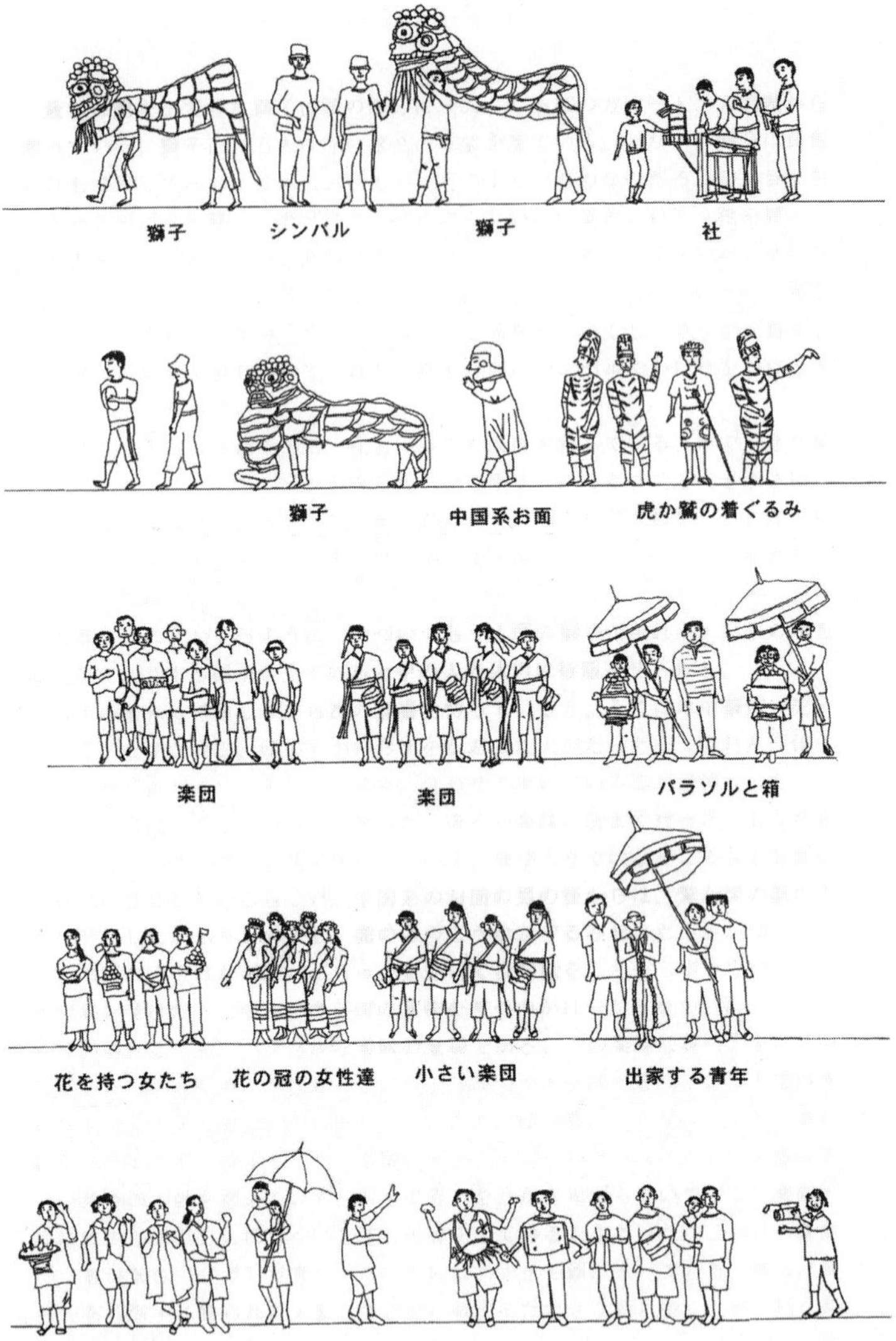
獅子
シンバル
獅子
社
獅子
中国系お面
虎か鷲の着ぐるみ
楽団
楽団
パラソルと箱
花を持つ女たち
花の冠の女性達
小さい楽団
出家する青年
ダンサー
楽団
カメラマン

出家式の行列

があり、そこにも船着き場がある。これら店舗の土地は、いずれも寺院が所有していて、住民は毎月の借地料を支払い、そこに店舗を建設し商いを行っている。この集落もまた、寺院、店舗、道路、船着き場からなる、いわば門前町といえる。調査中には、その門前町に長い隊列を組んで、楽器を鳴らしながら進む出家式の行列にも出会った。

現在、この集落の街区は、水路↓店舗↓道路↓寺院となっている。住民からの聞き取りによると、以前は道路を挟んだ寺院側にも店舗が並んでいたという。つまり水路↓店舗↓道路↓店舗↓寺院という街区構造であり、水路と道路の両方を軸に集落が形成されていたことになる。

この集落の建物の多くは、一九七〇年代以降に建設されている。一九七〇年代は、旧農村地区で多くの道路が建設され、主要交通も舟運から陸運へと変わる大きな移行期であった。それゆえ、多様な交通網に応じて、水路と道路の両方を軸に集落全体が形成されたものと考えられる。

一九八五年の大洪水直後、集落の浸水を防ぐために、寺院の周りの円形の道路をコンクリートによってレベルを上げ、それにともなって店舗そのものもかさ上げされた。しかしながら、各店舗の道路側に商品を並べミセとし、一方で水路側にプライベート性の高いテラスをつくり、そこを家事や荷下ろしのためのサービス空間とする構成は変わっていない。

こうした道路と水路を軸に形成された商業地は、旧農村地区より、むしろ建物が密集する「旧都心地区」で多く見られる。

ワット・バーンイーカン地区―門前町の形成

現王宮から北へチャオプラヤー川を上り、バンコク・ノーイ水路を左手に見て、ピンクラオ橋をくぐると、左岸にわれわれが目指すイーカン地区がある。この地区の南側は、トムヤンティの小説『メナムの残照』の舞台となった場所でもある。主人公アンスマリンの生家は、チャオプラヤー川に面し、水と結びつく当時の生活が活き活きと描かれている。川をもう少し上れば国営工場が見えてくる。とりわけイーカン酒造工場は、ラーマ一世の頃から続く国営の酒造工場として有名だ。おなじみのメコン・ウィスキーはここでつくられた。

イーカン地区でまず目につくのは、チャオプラヤー川に立つきらびやかな船着き場のサーラー・パックローンだ。それが水上の人びとに対して、この地区のなかに寺院があることを象徴的に示している。ここで舟を下り、三〇〇メートルほど歩くと、地区の代名詞であるワット・バーンイーカンにたどり着く。仏教寺院の立地の特徴を考えると、チャオプラヤー川など幹線水路沿いの自然堤防に面するものと、比較的安定した内陸の土地に水路を引き込み建設されたものの二つに分けることができる。この地区の寺院は後者である。内陸にある寺院へのアプローチのために、チャオプラヤー川からダーウドゥン水路が引き込まれている。

この水路に沿って商店街が形成されている。水路と平行に幅二メートルほどの参道が通り、その両側に店舗が立ち並ぶ。どの建物も一階参道側を店舗とし、その奥と二階を居住空間としている。そのうち、片側一方の店舗群が裏で水路に接するというわけだ。一九三二年の地図を見ると、チャオプラヤー川沿いの船着き場、参道、店舗らしき建物がすでに描かれている。ここでは、中国江南の例にならい、水路

ワット・バーンイーカン地区

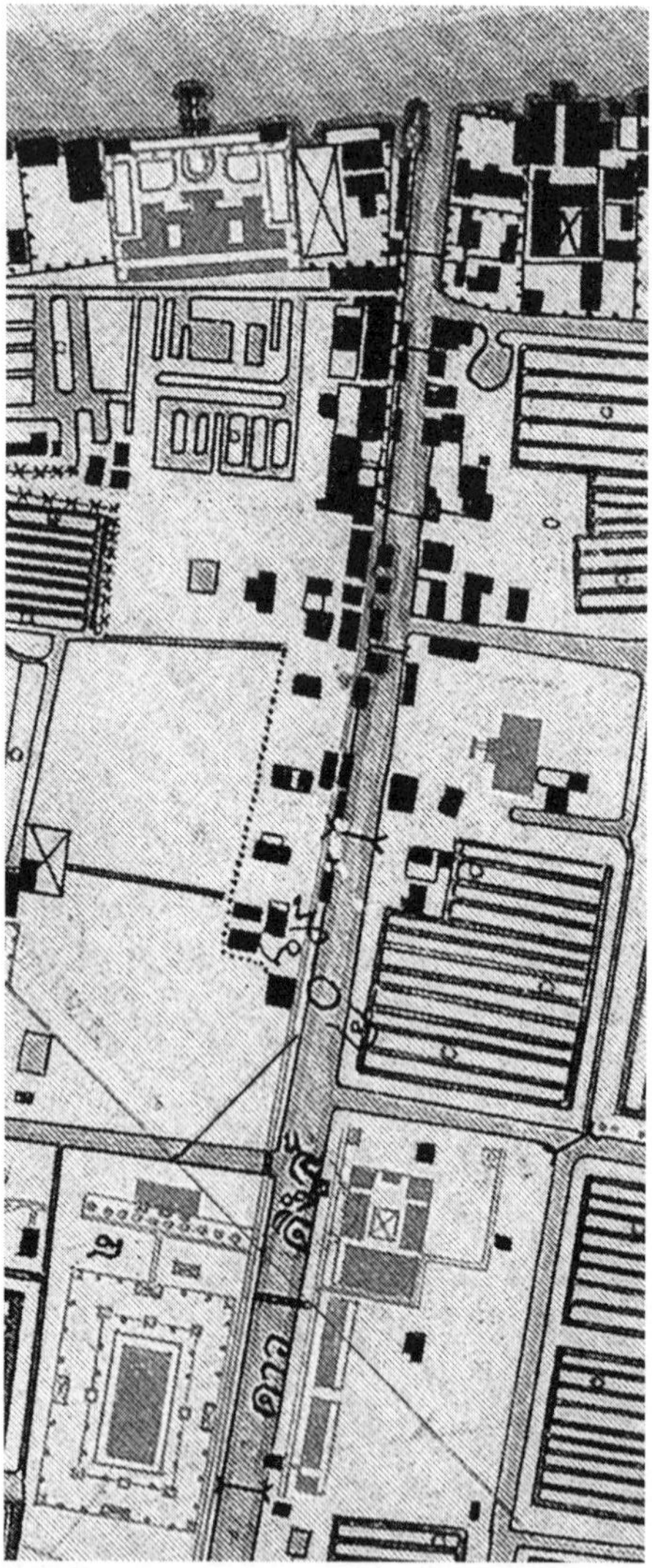

1932年古地図のワット・バーンイーカン地区
(国軍地図局蔵)

沿いの建物が並ぶ所を「下岸」、道を挟み内陸に建物が並ぶ所を「上岸」と呼ぶことにする。下岸には間口が狭く、奥行きがわずか六メートルほどの店舗が規則的に並び、上岸には間口が広く、奥行きも深い店舗が不規則に並んでいる。それぞれ参道を正面とし、短冊状の敷地が展開する。

下岸と上岸の構造を持つ商業地は、トンブリーでも広く見られ、かつてのバンコク最大の商業地であったラタナコーシン側のサンペンと呼ばれるチャイナタウンでも同じ構造を持つ。この種の商業地は、チャオプラヤー川などの幹線水路に直接面さず、そこから内陸に水路を引き込んだ場所に立地するとい

チャオプラヤー川から引き込まれたダーウドゥン水路

う大きな特徴がある。水路に面しながら、水辺という限られた土地の有効利用を実現しているのだ。水路の埋め立てや水門の建設による舟運の衰退は、水辺の市場（タラート・リム・ナーム）や水上市場（タラート・ナーム）といった従来の空間にも影響を与えた。そうしたなかで、陸と水の空間が密接に結びつくこうした商業地の多くが、いまもその姿を残していることは興味深い。

さて、イーカン地区の商店街では、揃わない日用品がないくらい、雑貨屋、食堂、菓子屋、八百屋、床屋、電化製品の修理屋までもが店を構えている。多くの店舗は、狭い間口いっぱいに商売ができるよう一階部分に壁をもたない。参道の幅員が狭くても、通りと店舗が一体となり、買い物するにはちょうどよい空間をつくりだしている。

実は、トンブリーやバンコクの水辺に見る幅員二メートルほどのコンクリート製の通りは、もともとサパーンもしくはターン・チュアムと呼ばれ

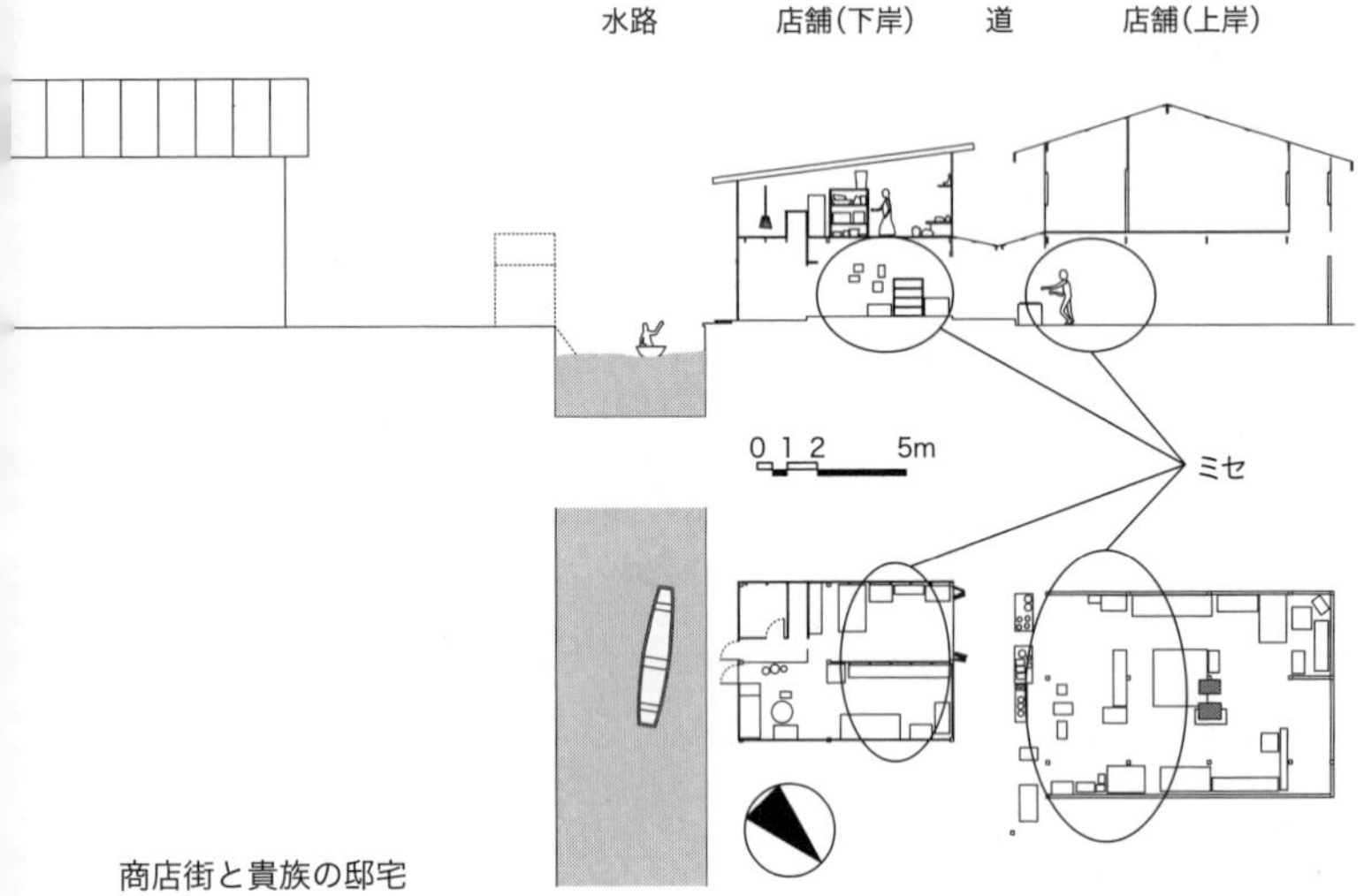

商店街と貴族の邸宅

る木造のデッキであった可能性が高い。イーカン地区もまた、かつては木造の歩道であり、その下まで水が来ていたという。従来、水路沿いに堤防はなく、水上にそのまま高床式の建物をつくり店を営んでいた。

ところで、下岸と上岸は、どちらが先につくられたのだろう。あるいは一体開発なのか。聞き取りでは、下岸と上岸の両方の店舗を所有する人が多いことに気づく。その場合、下岸を人に貸し、本人は上岸で店を営む。ときには、下岸と上岸の両方で店を出す場合もある。間口や奥行きの規模を考えれば上岸が優位であるはずだ。五〇年ほど前、中国潮州から来た父親が上岸に店舗を建築し、その後、下岸にも店舗をつくったという住民がいる。そこで、一九三二年の地図を見ると、下岸の店舗は水路にせり出しており、上岸に対し戸数が少ない。この商店街は上岸から下岸、つまり内陸側から水際へと発展したのであろう。といっても、バンコクの水辺は、陸と水の境界が実に曖昧だ。王宮周辺を巡る水路など、一部の限られた場所を除き、護

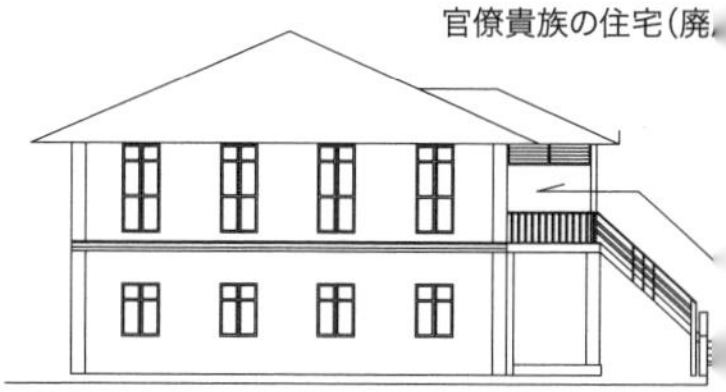

官僚貴族の住宅（廃

岸整備が行われるのは一九六〇年代以降のことである。それゆえ、建物が水際をつくり出すと言ったほうがふさわしいのかもしれない。

一九三二年の地図では、商店街の長さは一〇〇メートルほどしかない。現在の三分の一の規模である。だが、水路の幅は現在より広い。上岸は現在と同じような密度で描かれているのに対し、下岸は数軒しかない。当時、下岸に建設された建物の多くは、水上の高床式住居として建築されたのである。現在でも、下岸の店舗の床下は空洞である場合が多く、参道も木製の杭上につくられたものが、その後コンクリート製へとつけ替えられた。

この支線水路をはさんで、参道の反対側には貴族や職人の住宅地が形成されている。一九三二年の地図を見ると、商店街よりも早く住宅がつくられていることを確認できる。幹線水路から引き込んだ支線水路沿いの閑静な場所で、同時に安定した土地に屋敷を構えているのだ。とくに、貴族住宅は水路に対して短冊状の間口幅の狭い敷地ではなく、広大な土地に建つ。水に対する象徴性より、土地の安定、閑静な環境、広大な屋敷地を求めた結果であろう。敷地が大きいため、時代とともに子弟の住宅が増築され、屋敷地内には血縁関係を持つ一つのコミュニティーがつくり出されている。

その中でも、とくに目を引くレンガ造の住宅は、プラヤーという官位を持つ官僚貴族のもので、八〇年ほど前に土地と家屋を買い移り住んだ。以前は、王族の土地であったという。付近一帯もまた、かつては王族の所有地であった。このプラヤーの住宅を一九三二年の地図で確認すると、住宅の裏側にも小さな水路が描かれている。この水路は敷地の境界を示し、ランブータンの産地として知られるイーカン地区らしく、そこには広大な果樹園が広がっていた。かつて家主は住宅前の船着き場から舟に乗り、チャオプラヤー川を渡って対岸の役所に通い、子供たちもまた舟で登校していたという。

プラヤーの住宅は、モールディングや付け柱といった近代住宅に特徴的な装飾がなく、いたってシンプルな意匠でつくられている。インターナショナル・スタイルの影響を受けた一九二〇年から三〇年代の建設であろう。そのうえ、バンコクの住宅の多くが、洪水や高温多湿な気候風土に対応するため、一階の床を高くする高床式であるのに対し、ここでは基礎の上にじかに一階の床をつくる。それだけ、この土地は安定していたことを示す。だが、周辺を見ると、やはり水はけの悪さが目立つ。そこで、正面には二階に上る外階段が設けられており、それがメインの入り口だった。二階に寝室や居間などの主要な生活空間を置き、一階にはバスやトイレといった水回りのサービス空間を配置している。したがって、住み方としては高床式住居に近くなる。しかも、その後の敷地内に増築された棟は、木造の高床式住居である。やはり、高床がバンコクの気候風土にあった最も快適なものであることを物語る。

バンコクは、一般的に商業地と住宅地といった明確な区別があまりなく、都市が計画的でないといわれている。しかし、こうして都市的・社会的背景から分析すると、そこには近代都市計画とは異なる、水と密接に結びつくその土地独自の都市建設と建築の理念が読み取れるのである。

さて、こうした内陸だけでなく、イーカン地区ではチャオプラヤー川沿いにも貴族住宅が立ち並んでいる。水路との関係において、これまでとはまったく異なるケースといえる。つまり、チャオプラヤー川沿いや幹線水路沿いは土地が不安定であるにもかかわらず、王侯貴族はむしろ水上から見たときの象徴性を重視して、そこに居を構えたのである。

チャオプラヤー川に沿って象徴的に建つ貴族の邸宅

最初に目を引くのは、パラディオ様式を思わせる外観、アーチ窓や美しいモールディングの装飾を持つ洋風レンガ造の建物であろう。もともと一九世紀末に建築された官僚貴族の住宅で、ラーマ五世の相談役やトンブリー県知事を輩出した名家である。戦後は、その建築と敷地規模の大きさをかわれ、小学校に転用された。その並びには、短冊状にほぼ同じ規模の屋敷地が続く。そこには、木造の美しい破風飾りを持つ住宅が水辺を飾る。王の孫の官位を意味するモムチャオと呼ばれる、ラーマ四世の孫が住んでいた住宅もある。

幹線水路に面し、階層の高い人びとが居を構えるという事例は、遠くヴェネツィアやアムステルダム、蘇州などとも共通した特徴であろう。バンコクでは、水際から直接立ち上がる高級住宅がほとんどなく、少し後退した敷地の内陸側につくられるのが一般的である。大きな川の水際は、水による土地の浸食の影響を直接受ける不安定な土地

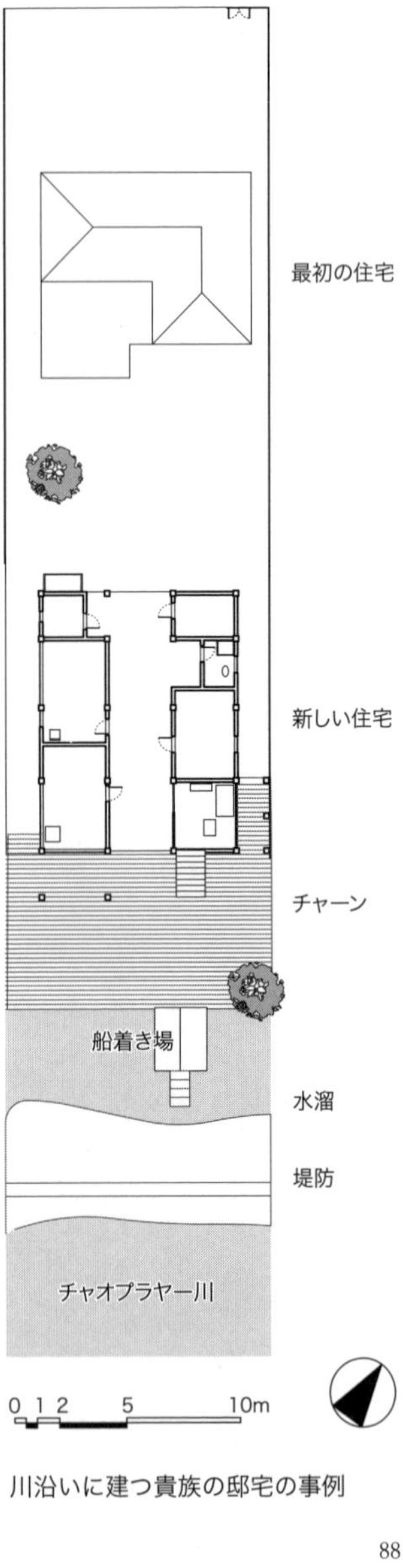

川沿いに建つ貴族の邸宅の事例

であるからだ。それにもかかわらず、このチャオプラヤー川に面する王族や貴族の住宅群は、むしろ水からせり出すようにつくられている。彼らが自らの権威と象徴性を重視して宅地を選択し、建物の配置にまでそれが表れている点は実に興味深い。そして、かつてチャオプラヤー川沿いには、もう一つの特徴を持つ別の住居タイプが存在した。筏の上に建物をのせ、水中に打ち込んだ杭に固定する浮家（ルアン・ペー）である。一九世紀中頃から二〇世紀初頭にかけての外国人旅行記には、その浮家の様子がよく描かれていて、所有者は裕福な中国商人であったことが知られている。つまり、チャオプラヤー川沿いに居を構えること自体が大きなステイタスシンボルとなっていたのである。

旧王宮地区――古都トンブリー

一七六七年にバンコク最初の王朝であるトンブリーが置かれた地区である。その後、東岸のプラナコンに遷都した後の一九世紀末から二〇世紀初頭にかけて、かつての宮殿群は、ラーマ五世の命により次々と近代施設へ姿を変えていく。この地区を東西に流れるワット・ラカン水路を挟んで、北部には鉄道のバンコク・ノーイ駅、タイ初の近代病院であるシリラート病院、医学校、官僚の住宅街が建設され、南部には海軍の施設がつくられた。つまり、ラーマ五世は、宮殿の跡地を利用して、富国強兵を推し進めるための近代的な再開発を実施したのである。この地区の水路と道路からなる空間構造を見ると、まずチャオプラヤー川に面して近代施設が配置され、その西にいずれも南北方向のアルンアマリン道路、さらにその西にバーン・カミン水路が流れ、水路と平行にバーン・チャンロー小路が通る。

このように、旧王宮地区は非常に強い南北軸を持つ。近代に変化を遂げた地区ではあるが、それ以前にすでに形成されていたと考えられる集落もいくつか存在する。これらは、ワット・アルンやワット・ラカンに隣接し、とくに水路の結節点に立地する。どちらもトンブリーで多く見られる寺院を中心とした集落形態に類似しており、地区の中でも初期に形成された集落であろう。近代の開発はこれらの集落を避けるように進められた。

では、まずアルンアマリン通り沿いから見ていこう。この通りは、トンブリーで最も早く整備された道路で、すでに一八九六年の地図に確認できる。旧王宮地区は、東西のワット・ラカン水路を境に、北部と南部で住民の職業が異なる。それに応じて、アルンアマリン通りに並ぶ住宅の様子も大きく変化する。

北部には内務官僚、警察官僚、鉄道職員などの文官が多いのに対し、南部にはチャオプラヤー川沿いの海軍施設で働く武官の住宅が並ぶ。つまり、この道路沿いの住宅街は、チャオプラヤー川沿いの近代施設で働く高級官僚のためのバックヤードとしての性格が強い。それぞれの住宅は、洋風の装飾が施され、敷地の裏に水路が流れるという特徴を持つ。これまで見てきたトンブリーの様々な地区の高級住宅が、水辺から一定の距離をとり地盤の安定を求めたのに対し、ここでは多くの住宅が道路に正面を向け、水路ではなく道路から奥まった場所に母屋が立地している。道路から母屋までの距離が住宅の格を表す、いわば陸の都市の考え方によるものであろう。北部では敷地の道路側に店舗がつくられている。一八九六年の地図を見ると、住宅の前面にすでに店舗が建築されている。早い時期から鉄道の駅や病院が置かれた北部は、水上交通から陸上交通への移行も早く、道路を中心とした近代化への指向が強い。一方、南部は平屋の家屋が多く、伝統的な住宅地の風景を少なからず継承している。

バーン・カミン水路周辺にも、こうした性格の違いがよく現れている。この水路の建設は古く、一八世紀のトンブリー王朝を描いた地図から、もとの城壁の外濠であったことが知られる。水路の西岸には短冊状の敷地が並び、タイの伝統建築である高床式住居が多い。しかも、それは南部に顕著で、北部よりも幅の広い水路と一体となって水との結びつきを強めている。

さらに、その西にはバーン・カミン水路とバーン・チャンロー小路が並んで南北に通る。バーン・チャンローとは日本語で鋳物屋集落という意味であり、古くは、仏像や仏具をつくる職人の家が並んでいた。しかし、この通りの名前をもう少し深く考えてみると面白いことに気づく。タイ語には、一般的に村や集落を表す言葉が二つある。「バーン（グ）baang」と「バーン baan」である。トンブリーで最も一般的なのはバーン（グ）であり、これは水辺に発達した集落に用いられる。バンコクの名前も、タイ語の発音に近く書くとバーン（グ）・コックとなる。それに対し、バーンは陸の集落に用いられる。このバーン・チャンローのバーンは、陸の集落を意味する。一八九六年の地図を見ると、小路はすでに存在し、さらに一九三二年の地図ではきちんと道路となって描かれている。当初は、おそらく木製のサパーンであったと考えていいだろう。全体で見ると、バーン・カミン水路を境に、東の高級住宅街と西の職人街といった近代と伝統の異なる空間が並存していたことが読み取れる。

旧都心地区──多民族都市の象徴

旧王宮地の南に隣接する旧都心地区は、多民族が集住する地区であり、いくつかのエリアに分けられる。まず、ポルトガル人によって開かれたキリスト教徒が集まるサンタクルース教会のエリアがある。その西には、中国廟と仏教寺院に挟まれて位置する華人商店のエリア、また伝統を重んじながら狭い路地に親族で住まうタイに典型的なエリアが隣接する。さらに、バンコク・ヤイ水路に沿って、モスクを中心に成立したムスリムのエリア、個々に水路を引き込む貴族屋敷のエリア、橋のたもとの市場と一体となった水辺の産業拠点のエリアに分けることができる。旧都心地区は、まさに多民族都市バンコクを象徴する地区である。

まず最初にサンタクルース教会のエリアを見ていこう。

サンタクルース教会は、アユタヤ時代のトンブリー城砦で働くポルトガル人によってすでに建築されていた。その後、王朝成立と同時に、アユタヤから多くのポルトガル人が移住してくる。そもそも、ポ

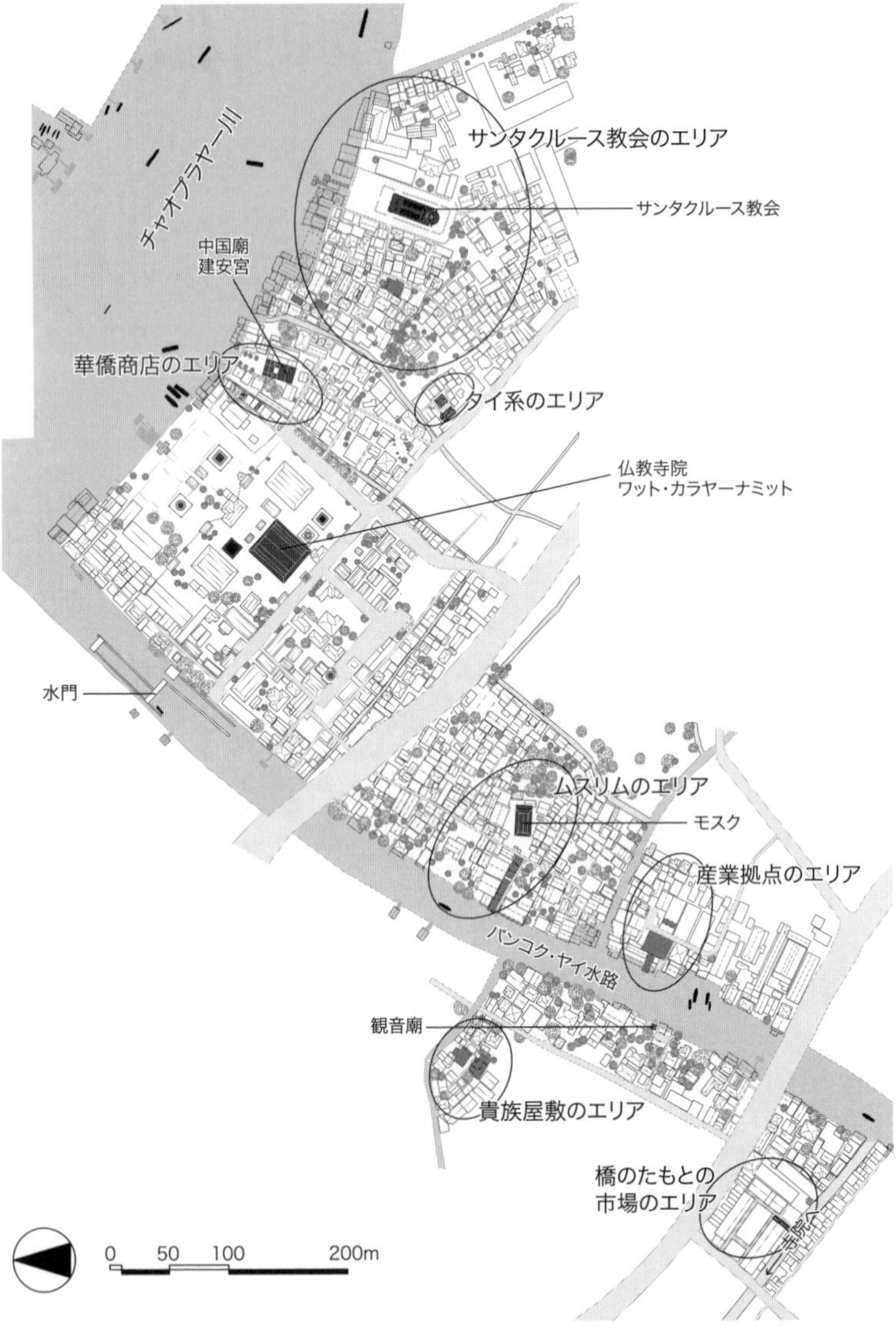
サンタクルース教会のエリア
サンタクルース教会
チャオプラヤー川
中国廟
建安宮
華僑商店のエリア
タイ系のエリア
仏教寺院
ワット・カラヤーナミット
水門
ムスリムのエリア
モスク
産業拠点のエリア
バンコク・ヤイ水路
観音廟
貴族屋敷のエリア
橋のたもとの
市場のエリア
寺院へ
0 50 100 200m

旧都心地区全体図

ルトガル人はアユタヤ時代からタイと交流を持ち、最新の軍事技術をもたらす存在として当時から手厚く保護されていた。現在の建物は一九一三年にイタリア人建築家によって計画されたもので、バロック様式の装飾が施され、水辺に面する三方向には柱廊が巡る。教会は川へ正面を向け、水辺と明快な空間軸で結ばれ、水と一体となった構成をつくりあげている。そして、この教会の周囲には、キリスト教徒の集落が広がっている。

1940年代のワット・カラヤーナミット　チャオプラヤー川とバンコク・ヤイ水路が交わる場所に立地し，同時に川から明快な軸を作り出して，象徴的な空間演出がなされている（前出"BANGKOK 1946-1996"）.

　このエリアは、地区の中央をほぼ東西に走るメインストリートとチャオプラヤー川沿いの道路、チャオプラヤー川とそこから引かれた支線水路を骨格として成り立つ。教会は、メインストリートからもアイストップの象徴的な位置に置かれている。教会の西側には住宅地が形成され、このあたりがエリア全体で最も地盤の安定した土地となる。また、チャオプラヤー川沿いの住宅は道路よりも川に対して開くことを重視し、水辺にファサードを向けていて、そこから引かれた支線水路の周辺では、水路に沿って住宅群が建設されている。さらに、教会

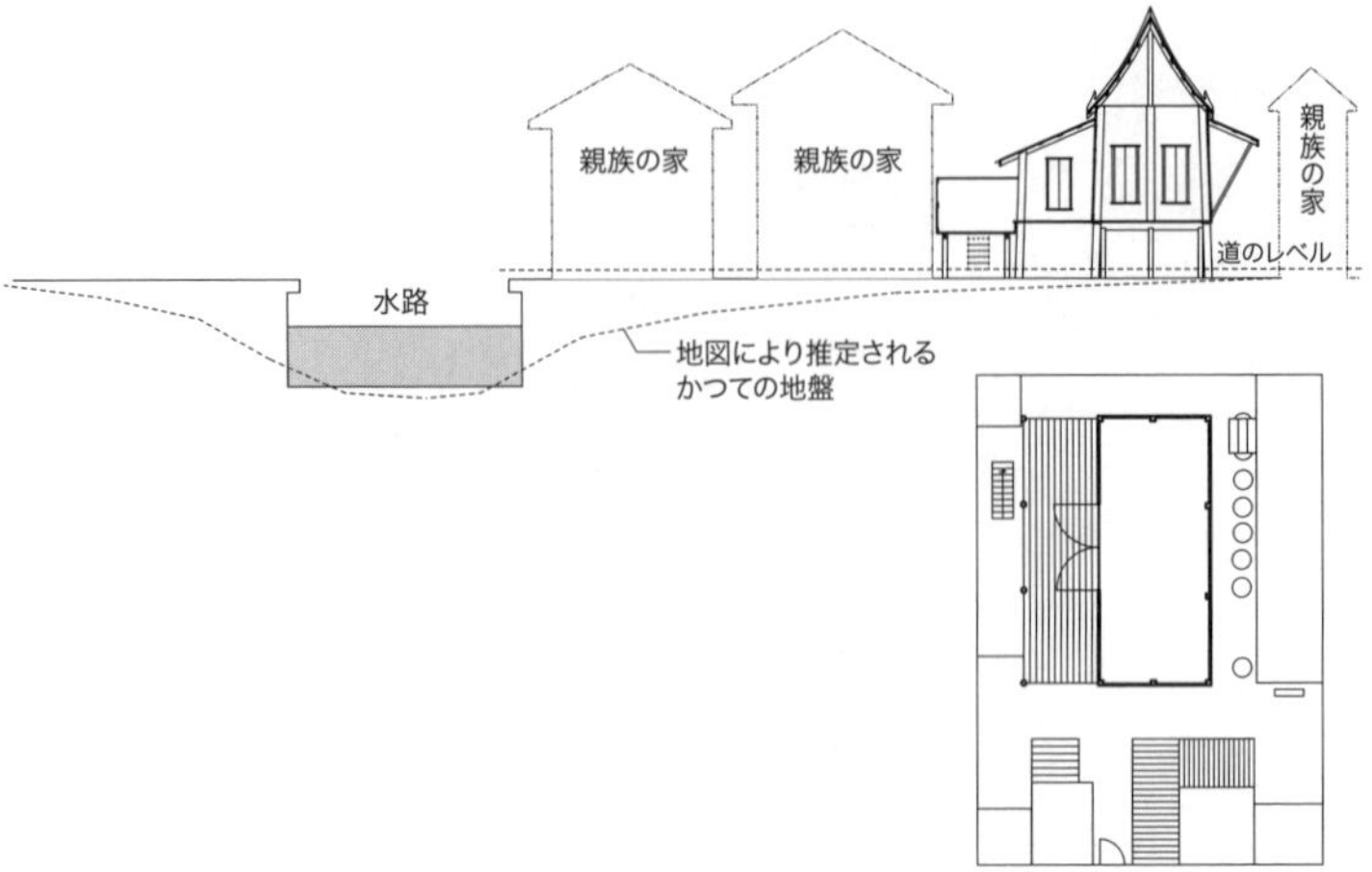

水に開く水路寄りの高床式住居（サンタクルース教会のエリア）

の東側には宣教師の家などがある。このように、このエリアはさらに四つの性格の異なる小さな住宅地からなっている。

教会西のメインストリート周辺の住宅は、水面から離れた陸の土地であるにもかかわらず、その空間構成は明快な南北軸を持ち、チャオプラヤー川の方向を強く意識している。一方、同じ住宅地ではあっても、チャオプラヤー川から引き込んだ支線水路沿いに建つ住宅は、東西の軸を持ち、むしろ身近な水路を意識した構成がとられている。

この支線水路寄りの住宅と教会寄りの住宅とでは、同じ時期に建設された高床式住居であっても、その空間構成に違いが見られる。水路寄りの住宅には、木造の伝統的な高床式住居が多く、屋外のチャーンや半戸外空間のラビアンを水の側に向けている。一九三二年の地図を見ると、水路の幅はいまよりも広く、住宅は直接水路に面していた。一方、教会寄りの住宅は、床下の柱をレンガとモルタルで覆い、洋風の装飾を持ち、チャーンやラビアンは水路とは反対の位置に設けられている。水からの距離が遠いので、快適性よりも、むしろ教会へ開くことを重視したのかもしれない。

このように、エリア全体では住宅が面的に広がり、細い迷路状の路地によって構成されている。だが、水辺に立地する個々の住宅は、明らかに川や水路を意識した構成をとっているのである。信仰を核に、かつ水が生活に不可欠なものであることの表れといえよう。

華人商店街の路地

次に、華人商店のエリアでは、チャオプラヤー川沿いに正面を向ける「建安宮」という名の中国廟と、仏教寺院のワット・カラヤナーミットに挟まれ、川から陸に向かって商店街が形成されている。商店街の裏にも水路が流れ、それと平行に幅二メートル弱の狭い路地がつけられ、そこに店舗が並ぶ。

ワット・バーンイーカンの商店街と類似した構造を持つが、上岸に商店はなく寺院の敷地となっていて、下岸に狭い間口の店舗が隙間なく建ち並ぶ。一九七〇年代までは、店舗の裏の水路にも舟が入っていたという。水路側では、商品の運搬・

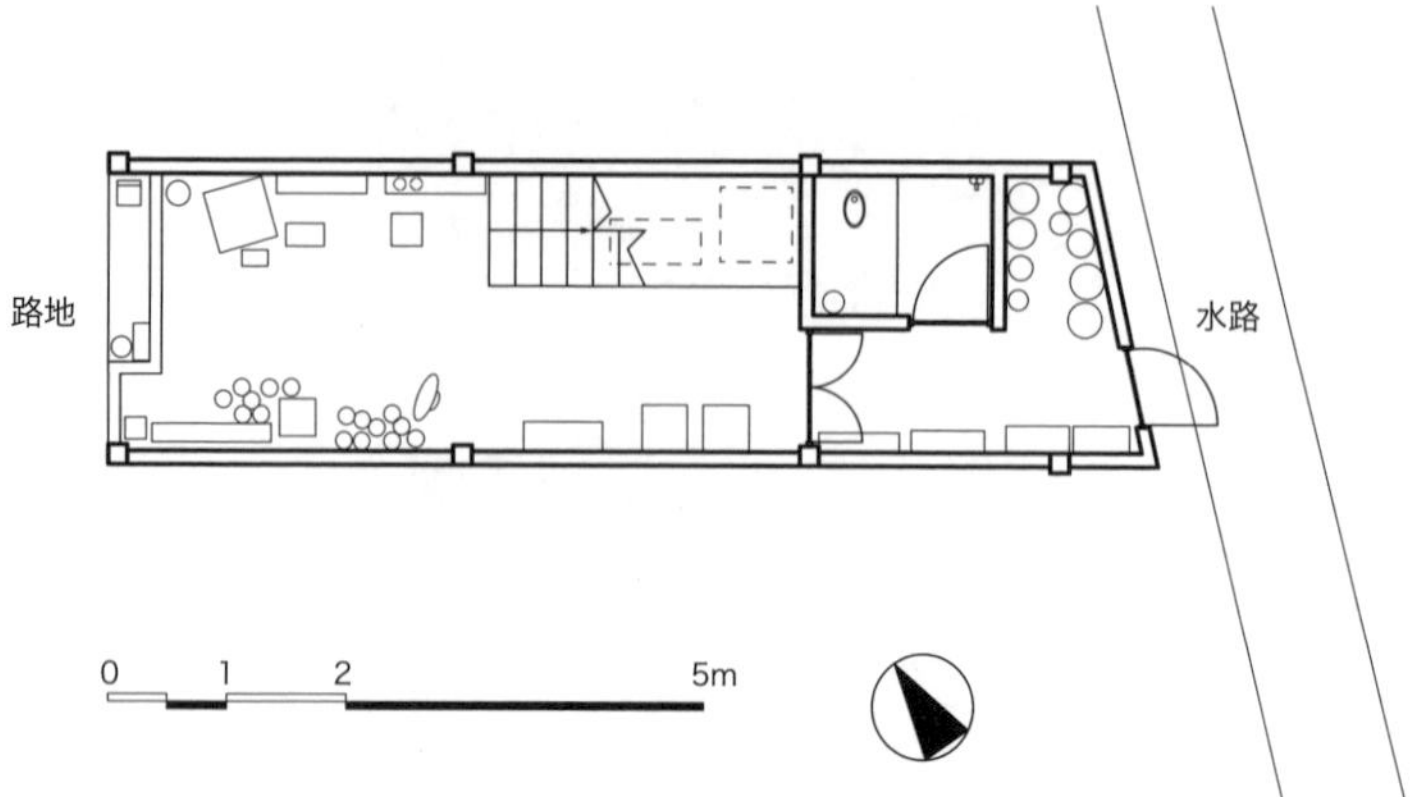

店舗併用住宅（華人商店のエリア）

搬入が行われ、路地側では商売が営まれる。一階をサービスとミセの空間、二階を居住空間とし、店舗併用住宅にふさわしい合理的な空間構成をとっている。

　商店街は仏教寺院との関わりが薄く、むしろ中国廟の参道としての役割が強い。ワット・バーンイーカン地区の商店街との大きな違いは、宗教施設の位置にある。廟が直接川に面しているのだ。この廟へ行くには、廟の前の船着き場と内陸からの二つのアプローチがあり、船着き場からはダイレクトに、また内陸からは長い商店街を抜けると水の側に大きく開いた廟へとつながる。全体では小さくても、核となる廟がチャオプラヤー川に正面を向け、各店舗が水と強く結びつく空間構造が華人商店のエリアの特徴といえよう。

　その南には、タイ系のエリアが隣接している。ここで言う「タイ系」とは、上座部仏教を主に信仰する人びとのことを意味する。チャオプラヤー川沿いから離れた内陸側に位置し、タイ系の人びとによって形成されているエリアを次に見ていきたい。

　このエリアでは、その土地を守る「サーン・プラ・プー

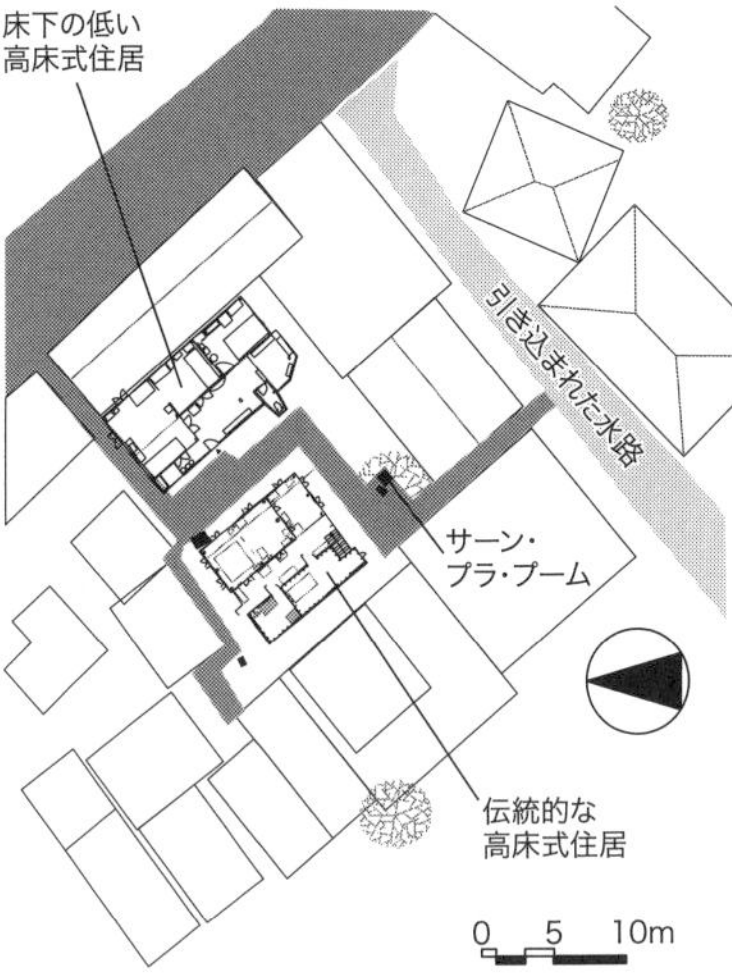

タイ系のエリア

サーン・プラ・プーム

ム」と呼ばれる土地神の祠《ほこら》がいくつもある。個人の所有ではあるが、行き来する人が拝んだりお供えをしたりする光景はしばしば見られる。この祠が多くあれば、周辺にはタイ系の人が住んでいると考えてよい。

多民族が混在する高密な旧都心地区において、ムスリムや華人のエリアが高密に集住するのに対し、ここでは比較的大きな敷地に間隔を取って住宅がつくられている。一九六〇年代まで舟運が主な移動手段であったトンブリーでは、水と結びつかない土地に住宅を建設することは不便である。したがって、このエリアでも他と同様に水路が引き込まれている。チャオプラヤー川から引かれた水路がエリアの北西を流れ、そこからさらに分岐する小規模な水路が一九三二年の地図にも描かれている。

このエリアのほぼ中央に位置する住宅は、増改築が行われているものの、伝統的な高床式の空間

寝室の仏壇

構成を見せる。もともとは、高床の寝室とその前面に配されたラビアンだけであった。ラビアンを挟んだ仏間などは後の増築である。かつては階段からラビアン、そして寝室につながり、全体で水路に開く構成がとられている。仏間が増築される前は寝室に仏壇が置かれ、その方向はタイ仏教の決まりにしたがって東を向いていたという。また、この住宅の向いには、床下五〇センチの揚床式ともいうべき住宅が建てられている。このエリアの中では最も内陸寄りにあり、土地が安定していたためにこの高さで十分であったからだ。この住宅に入ると、各部屋につながる廊下のような居間がある。以前のラビアンで、小規模な水路に正面を向ける構成がここでもとられている。この住宅もまた、立派な仏壇が寝室に置かれ、東を向いている。そこには、日本の大黒柱にも似た信仰の対象となる柱が祀られている。

タイ系のエリアは、一見すると内陸部の路地に

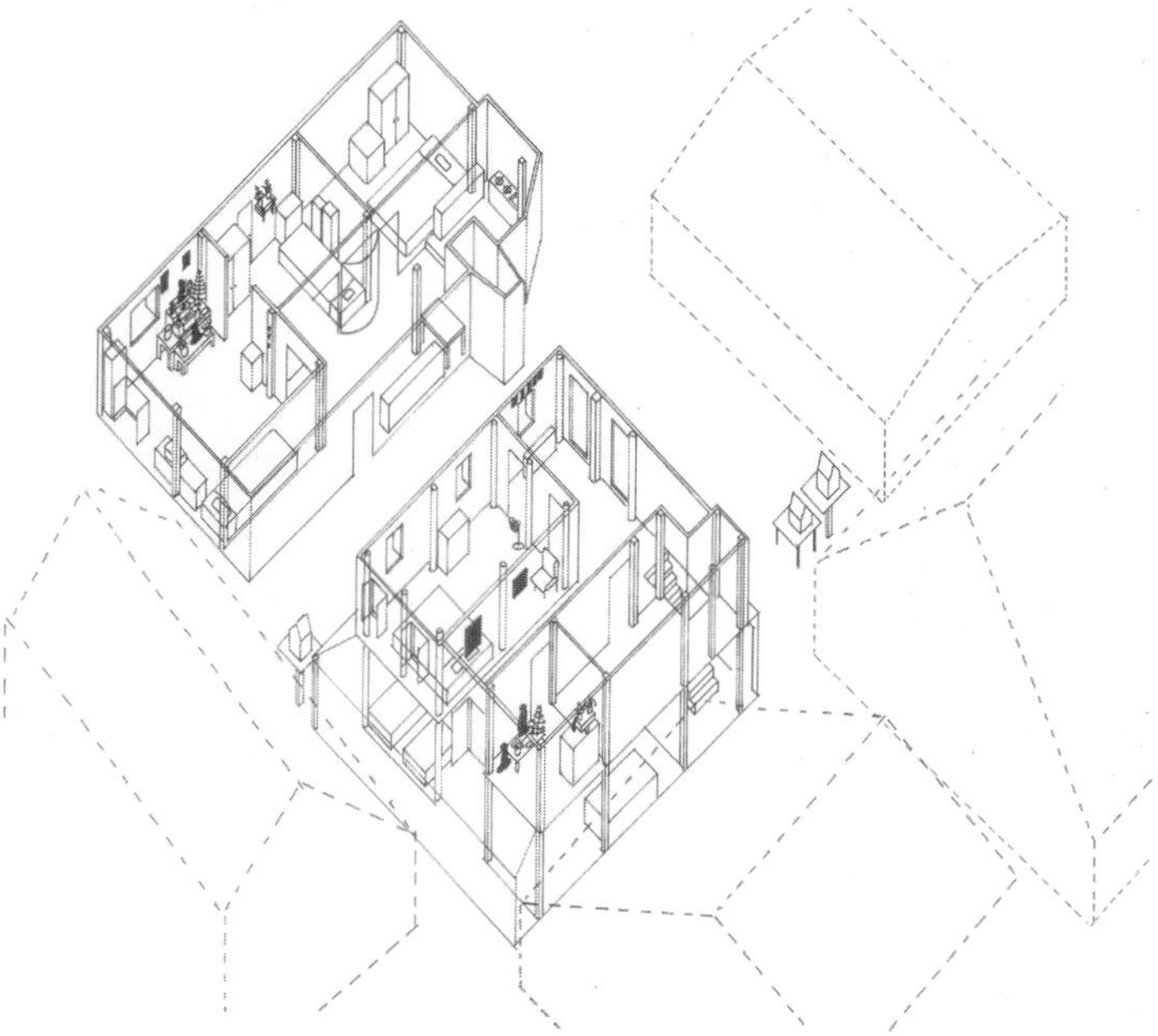

タイ系のエリアのアクソメ図

よってつながっているように見えるが、水路に囲まれることで十分な水と舟運を確保し、水に開いた建築を構成しながら、信仰にとって最良の方位をも考慮しつつ住宅地を形成している。タイ系の人びとの習慣や生活空間に最も適した形で、エリア全体の空間が築き上げられているのである。

さて、バンコク・ヤイ水路を南西に入っ

信仰の対象となる柱

たところには、ムスリムのエリアが広がっている。

水路と平行に走るメインストリートを中心とし、そこから伸びる路地沿いに住宅地が形成されている。モスクは水路に正面を向けていない。また、住民が共同で使用する船着き場も、路地の奥にひっそりと設けられているにすぎない。ムスリムは水との結びつきをあまり意識しないようだ。モスクは川岸から六〇メートル離れたところに位置する。メインストリートは、現在はコンクリート製だが、以前は杭を打ち込んだ木製のサパーンであった。

実測調査を行った路地には住宅が四軒並んでいる。川側から三軒は親族関係にあり、現在の祖父母の代が土地を分配し、川側に子供の住宅を増築していったという。安定した地盤のモスク側から、時代を追って川側に住宅が広がっていったことを示す。

このように、水との結びつきが弱いエリアではあるが、各住宅には高床式のものが多い。実測した中で、最も水辺に位置する住宅の床下には水があるので、高床を用いることで対応している。他の三軒の住宅は、現在では一階部分を居住空間としているが、もともとは高床式住居であった。いまでは、ほとんど洪水の影響を受けることはないが、かつては地盤が安定していなかった可能性が高い。住宅の空間構成は、チャーン、ラビアン、寝室といったタイの伝統的住居に見られるものと類似している。実際に、ベランダのような空間をラビアンと呼ぶ聞き取り結果も得られたが、水路ではなく路地に向いている点が水をあまり意識しないムスリムらしい。

個々の建物はタイの環境に適したものだが、モスクを中心としながら、水路の方向を意識せず、水との間に明快な軸を持たないエリア全体の空間構造は、ムスリム特有のものとして位置づけることができ

ムスリムのエリア

モスク

エリアの住民が共同で使用する船着き場

るのかもしれない。

　このムスリムエリアの対岸には、チャオプラヤーという称号を持つ貴族の住宅をはじめとし、七軒の邸宅が建ち並ぶエリアがある。ラーマ三世期に最初の住宅が建ち、その後、親族の増加とともに住宅が増えていったという。このエリアは、バンコク・ヤイ水路から引き込んだ水路沿いに位置する。土地が安定せず、大きな船が往来する騒々しい水路に面するよりも、支線水路沿いの閑静で

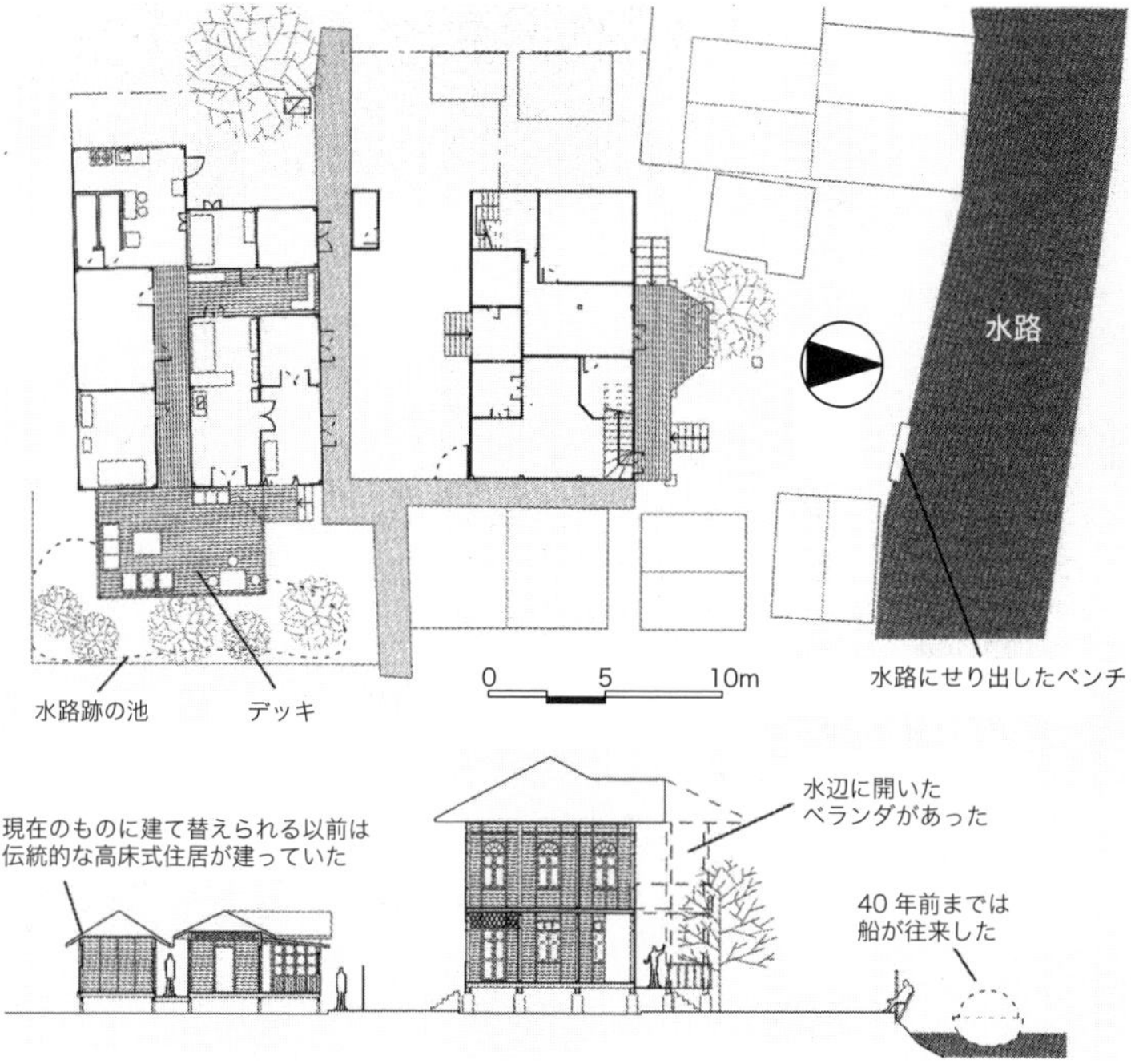

貴族屋敷のエリア

安定した生活空間を求めた結果であろう。この支線となる水路にも、一九六〇年代までは舟が入っていた。

最も早く建設された住宅は、バンコク・ヤイ水路から引き込まれた水路沿いから、少し内陸に位置する。一九六〇年代の建て替え以前は伝統的な高床式住居であった。さらに小さな水路が住宅の横を流れていて、その水路と池の跡がいまでも残っている。現在では、家族が集まるラビアンが池の脇に設けられていて、建て替え前からその位置は変わっていない。閑静で安定した地盤を選びつつ、住空間を水辺の望むところに配置する、タイ伝統住宅の空間構成の特徴がよく現れている。この住宅と支線の水路の間に、エリアの中で二番目に建設された住宅がある。二階建てで、床下が一メートルほどの住宅である。水路側にベランダを配してはいるものの、伝統的な空間構成をとらず、西洋風な意匠でつくられている。床下の柱をレンガとモルタルで覆い補強している点は、当時の貴族住宅の特色と一致する。

ところで、旧都心地区には一九三二年以前のトンブリーで唯一、バンコク・ヤイ水路に架けられた大きな橋があり、そのたもとに市場が立つ。寺院にアプローチする水路沿いに建設された市場で、水陸交通の要衝でもある。現在の中央にある集合住宅の場所が、かつて木造の大屋根が架けられた市場の中心であった。その周囲を棟割長屋が囲っている。長屋の一階は店舗として使用され、二階は居住空間である。水路に面する長屋は、舟で運ばれた商品を裏から搬入し、市場側の表で商品を売る。こうして、水路と結びつきながら、住空間と商業空間を上下と前後で合理的に構成する手法がとられている。

かつてこのエリアには、華人の信仰する観音廟があったが、道路の拡張のために移転させられた。現在の廟は、バンコク・ヤイ水路に沿った私有地に置かれている。その廟を訪れるには、舟を使って水路から上がるか、隣接する住宅の屋内を靴をぬいで行くしかない。このような手間のかかる場所にあるにも関わらず、毎日三〇人ほどの人が参拝に来る。そして、何よりも水辺に象徴的に立地させることが重要であった。近代の都市開発によって移転させられた宗教施設であっても、以前と同様、水辺の記憶が確実に継承されている。

また、この廟の対岸には水辺の産業拠点が形成されている。まず、かつての王族の屋敷跡地に倉庫街がつくられた。倉庫街の構造は実に明快なものとなっている。水路に面する細長いデッキを持つ住宅と、

水辺に正面を向ける観音廟

路地に並ぶ祠（産業拠点のエリア）

その裏の大きな倉庫、さらにその奥の道路を挟んだ場所に小さな工場が立地する。これら三つの施設と水をつなげているのは、水路と垂直に引き込まれた路地である。

水路に面する住宅は新しく、三〇年ほど前に建てられた。それまでは大きな倉庫が直接水辺に面していたのである。倉庫では、魚や米がそのまま、あるいは加工してストックされ、その加工は道を挟んだ工場で行われていた。脇に引き込まれた水路には華人が多く住み、土地神や財神を祭る彼らの祠《ほこら》が路地に並んでいる。荷揚げ、加工、保管の作業にふさわしい空間が構成され、その背後にそこで働く人のための居住空間が形成されているのである。荷揚げ作業に支障のないように、別の水路に面して住まいを配置しながら、全体で土地を機能的に使い分けている。

以上、トンブリー旧都心地区の特徴的なエリアを見てきた。これだけ多種多様な民族、宗教、職業、階層といった社会的背景を持つ人びとがつくりだす空間だが、いくつかの共通する特徴も見いだせる。それは、すべてのエリアが水からのアクセスを前提としていること、重要な宗教施設や初期の住宅、各エリアの中心となる道路は、いずれも安定した地盤を求めて水路から一定の距離をとっているという二点である。それに対し、バンコク・ノーイ水路の積み替え港にある倉庫群やチャオプラヤー川沿いの貴族の住宅など、こうした水辺の環境形成の作法から逸脱したところでは、いまでは滅失の傾向にあるのも事実だ。こうした水への適応のあり方は、バンコクの水辺に暮らすうえで、異なる社会的背景を越えて獲得した共通の環境と建築の構成原理といえるだろう。

2 バンコク・プラナコン――移りゆく天使の都

トンブリーでは水路を軸に都市を形成し、階層、職業、民族、宗教といった社会的背景に応じて、異なる空間構造を持つ多様な地区がつくりあげられてきた。

一方、現在のバンコクの中心であるチャオプラヤー川東岸では、水路のみならず、道路によっても都市の骨格が形づくられている。いまは単にバンコクというと、この地域を指すことになる。ただし、本書では西岸のトンブリーと区別するため、この東岸をプラナコンと呼ぶことにしたい。正確に言えば、現在の王宮が位置する最も古いラタナコーシン島の範囲が旧プラナコンであって、都市の発展にともない拡張された東のパドゥン・クルン・カセーム水路までの範囲が新プラナコンとなる。本書では、その範囲から外れたドゥシット地区なども扱うため、本来ならばプラナコン側と記述すべきだが、地区の成り立ちをわかりやすくするため、単に東岸一帯をプラナコン、また旧プラナコンの範囲のみを示すときにはラタナコーシンと記述することにする。

さて、一九世紀半ばから一九二〇年代までのプラナコンにおける道路の建設年代を時系列で分類すると、時代背景や開発主体、街区構造から次の四つの異なる地区が浮かび上がる。

第一に、城壁と水路に囲まれ、王宮や多くの王室寺院が立地する政治と行政、宗教の中心である王都「ラタナコーシン」がある。王都にふさわしく、一八七〇年代には道路の開発と整備が最も進んでいた

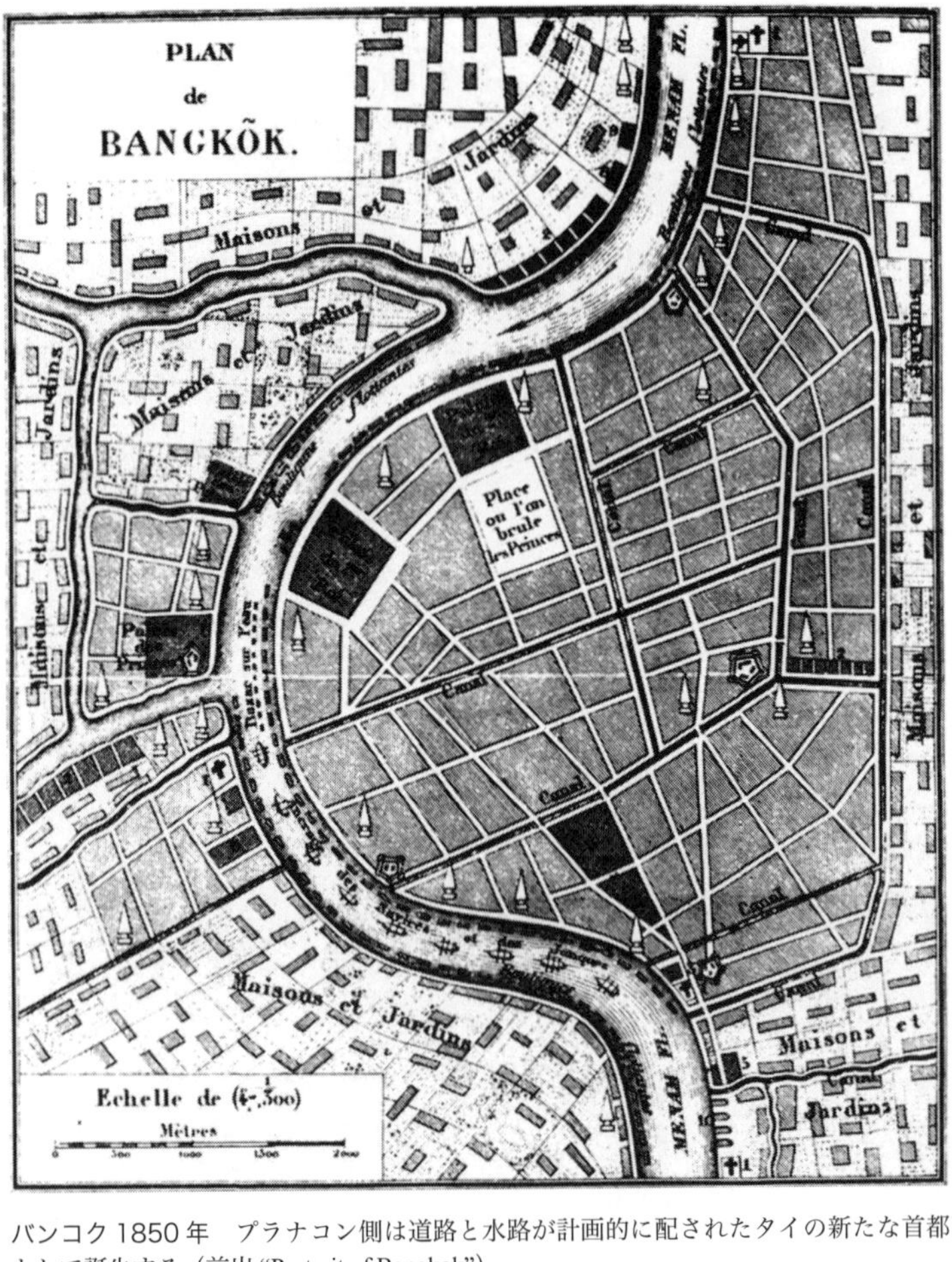

バンコク1850年　プラナコン側は道路と水路が計画的に配されたタイの新たな首都として誕生する（前出 "Portrait of Bangkok"）.

地区である。

第二に、一八九九年から一九〇二年にかけて国家によって計画的に道路を通すことで開発された「ドゥシット」がある。この地区は、近代的な新王宮や王族の宮殿が建設された郊外住宅地である。

第三に、南部の「バーンラック」がある。チャオプラヤー川沿いには、西洋との交流の拠点として多くの商館や領事館が並び、その内陸部は一九世紀後半から貴族や商人などの民間資本によって住宅地が開発される。この地区では、一九世紀後半から内陸へ向かう道路開発が段階的に進み、一八九六年から一九一〇年代にかけて急速に発展した地区の空間構造が見出せる。

第四に、ラタナコーシンの南部に位置し、城壁外に形成された商業地の「サンペン」がある。サンペンは、バンコク最大のチャイナタウンでもある。チャオプラヤー川と平行に、内陸の地盤の安定した土地にサンペンレーン（現在の正式名称はワーニット1道路）と呼ばれる道路が通り、地区の目抜き通りの役割を果たしている。また、水辺から内陸へ向かう道路や水路が複数つくられ、チャオプラヤー川とサンペンレーンをつないでいる。この地区では、水路と道路による高密で機能的な商業地が特徴となっている。

ここでは、トンブリーに比べて、より低湿地で居住に適さないと言われたプラナコンにあって、いかに多様な環境に適応しながら様々な地区が形成されたかを明らかにしていきたい。同時に、水路から道路へと都市の骨格が移りゆく過程と、それぞれの地区における水との関係性に注目したい。

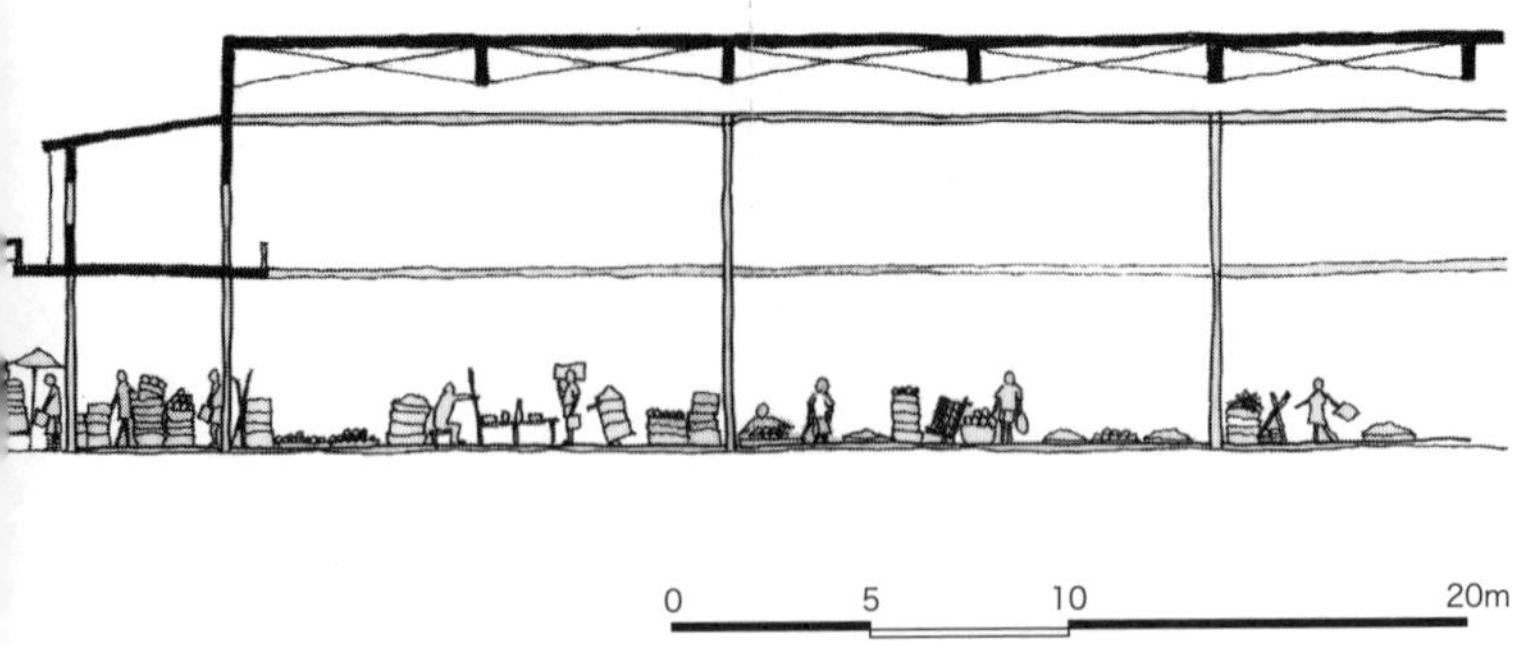

ラタナコーシン—トンブリーからの遷都

プラナコンの開発は、一七八二年にチャオプラヤー川西岸のトンブリーから東岸へ遷都したことに始まる。

まず、王宮の建設と同時に、トンブリー時代からあるクームアン水路の外側に、国濠としてのバーンランプーとオーンアーンの二本の水路が開削され、二重の水路と城壁に囲まれた王都ラタナコーシンが誕生した。城壁内では、クームアン水路とバーンランプー・オーンアーン水路を東西に結ぶ二本の水路が開削される。低湿地のプラナコンにあって、水路開削は都市整備のための排水や交通路、生活用水路として重要な役割を持っていた。

また、アユタヤやトンブリーがそうであったように、王都は仏教を保護する宗教都市としての側面を強く持つ。そのため、城壁内外に多くの仏教寺院がつくられ、多くは水路沿いに立地している。水路と水路が交わる交点や水路沿いの寺院の門前には、市場が形成された。現在のプラナコンでは、舟運の衰退により、かつての水辺の市場空間が失われている。しかしながら、地名には名残りが見られ、チャオプラヤー川沿いのパーククロン市場のようにいまなお活気に満ちあふれたマーケットも存在する。

チャオプラヤー川沿いのパーククロン市場

一八世紀末から一九世紀初頭のラタナコーシンでは、クームアン水路を境に、西部（ラタナコーシン・チャン・ナイ）に王宮や王族の宮殿、寺院、裁判所といった官庁施設などの重要な施設が計画され、東部（ラタナコーシン・チャン・ノーク）に王族の宮殿が置かれた。一方、東西に流れるロート水路沿いには、官僚貴族の邸宅や下級役人の住宅が軒を連ね、それら上流階層の邸宅の間を縫うように、宮殿や邸宅で働く人びとの住宅がつくられた。

城壁内には、さまざまな民族の住宅地も形成された。ラタナコーシンには、モン人、マレー人、カンボジア人、ベトナム人、ラオス人といった民族ごとの地区があったことが知られている。しかしながら、ラタナコーシンでは、階層による明確な住み分けがなされてきた。王侯貴族は、特権的な立場を利用して、水路沿いや道路沿いといった交通の要所や都市整備が進んだ居住環境のよい土地に屋敷地を構え、みずからの権力を誇示する。それに対し、とくに他の民族の地区は水利や水はけの悪いトン（thong）と呼ばれる原野に立地したことを友杉孝が指摘している（「バンコク物語抄—道に残された記憶を求めて」『東洋文化』72、東京大学東洋文化研究所、一九九二）。つまり、ラタナコーシンにあっても、初期には水路を軸に都市が形成され、水との関係性と社会階層により明確な住み分

1900年代のバムルンムアン通りとショップハウス群　新たな首都の顔として，直線的な道路と同じ外観の建物が連続するストリート空間が生み出された（前出 “Bangkok Then and Now”）.

けが行われていたのである。

さて、ラタナコーシンでは、プラナコンの他の地区とは異なり、水路のみならず道路の開発も遷都当初から行われていた。だが、当時建設された道路は、乾期には土ぼこりに埋まり、雨期には泥濘と化してしまうものであった。

そこで、一八六〇年代からようやく既存の道路の整備が進む。王宮から東に向かって、ラタナコーシンを貫くバムルンムアン通りが整備され、また一八七〇年代に入ると、通りに沿ってシンガポールから導入されたショップハウス群が建設される。こうして、水路が主な交通路であったプラナコンに、近代的な直線道路とそれを意識したストリート空間が創出される。とくに、一九世紀末から二〇世紀初頭にかけて、ラタナコーシン全体で道路整備が進み、そこにはショップハウスによる近代的な町並みが形成された。この時期から、西部のラタナコーシン・チャン・ナイに集中していた官庁施設は、東部のラタナコーシン・チャン・ノークの道路沿いにもつくられるようになり、王侯貴族は水路沿いだけでなく、道路沿いにも屋敷地を求めるようになっていく。

とりわけ、国王所有のショップハウスを数多く建設することにより、その賃貸料を重要な収入源とした。これらショップハウスは、華人や西洋人といった異民族、異教徒にも貸し出され、多様な社会的背景を持つ人びとが集住する基盤となった。

タナオ通りのショップハウス　かつてのこの裏には水路が流れていた.

こうしたショップハウスは、その開発主体と空間構成から次の三つのタイプに大きく分類できる。
まず、国家によって開発されたタイプがある。このタイプのショップハウスには二つの特徴がある。第一に、国王によって道路沿いに一体開発で計画されたものであり、それゆえ全体の長さが数百メートルにも達するという点である。第二に、建物の裏側に路地が配されている点である。路地は、ショップハウスのためのサービス空間であると同時に、裏の住宅地へのアプローチでもあり、さらには地区の火災時の延焼を防ぐための火除地であったと考えられる。一八九六年の地図を見ると、国王により開発されたタナオ通り沿いのショップハウスの裏には、路地だけでなく、水路も平行してつけられている。

次に、敷地の前面に開発されたタイプがある。このタイプは、道路に接する個人の敷地の前面をショップハウスとして開発したものである。ショップハウスを開発し賃貸収入を得ると同時に、所有者は外部の喧噪から切り離された閑静な住環境を獲得することができる。開発主体は、個人であるため規模が小さく、ショップハウスの裏にも路地を持たない。裏の住宅へアプローチするため、ショップハウスの脇や正面の一部に路地や門がつくられるといった特徴を持つ。

最後に、路地を引き込み、街区内部に開発されたタイプがある。このタイプは、上流階層の屋敷跡地などを転用して、面的もしくは街区全体にショップハウスが建設されている。道路から路地を引き込み、その両側にショップハウスが並ぶというケースが最も一般的である。また、主要道路の奥に立地するため、店舗ではなく倉庫や職人の作業場、専用の住宅に利用されることが特徴となる。

都市の開発が水路沿いから道路沿いへと変わり、しだいに人口と建物が密集していく中で、ラタナコーシンの水路の様相も変化する。城壁内の水路は舟運や生活水路というよりも、むしろ下水、排水路としての性格を強くしていく。

アジアにおける近代の都市整備では、衛生という概念から、上水道よりも下水道の整備を先に行うことが一般的であった。にもかかわらず、プラナコンでは一九一四年に上水道が整備されたものの、下水道にはほとんど手がつけられていない。網の目のように都市を巡っていた水路が、そのまま下水道として利用されていたためである。バンコクは海から三〇キロと近く、潮汐の影響を受ける。その潮流によって、水路に流された汚水や汚物は自然にチャオプラヤー川へと運ばれる。つまり、こうした潮汐作用を利用する自然の下水排水のあり様が、バンコクにおける近代の都市基盤を支えていたといえよう。それゆえ、ラタナコーシンでは、舟運から陸運へと交通システムが変化した後も、一九三〇年代までは水路が埋め立てられることがほとんどなかったのである。

しかしながら、ラタナコーシンの水路は、二〇世紀初頭には自然の浄化能力の許容範囲を超え、汚水や汚物により水質は汚染されていたようである。ラタナコーシンの水路の様子をプラヤー・アヌマーンラーチャトンの回顧録から見てみよう。

ロート〔クームアンドゥーム水路のこと〕水路に沿って、なおも漕いで行くと、母が後ろから声をかけてきた。そんなに力を込めて漕がないようにと、そういうのである。あれ〔排泄物〕がその弾みで、船の上に跳ね上がる恐れがあるからだという。〔中略〕ロート水路のことを良く知っている大人達に言わせると、数ある水路の中でも、こと、あれの多さにかけては、この水路の右に出るものはないという。これは、まさに横綱級と言うにふさわしい。日によっては、水面があれで覆いつくされることもあるという話であった。以前、このロート水路の両岸には王族の宮殿や高位貴顕の方々の大邸宅が、ずらりと建ち並んでいた。昼間は、さすがに、そういうことはない。だが、夜明けや明け方ともなると、家臣や召使いといった人びとが、あちらの宮殿、こちらの邸宅から、ぞろぞろと戸外へと出て来るのである。目指すは、ロート水路の岸辺。ここに腰を下ろして、じっくりと用を足すのである（プラヤー・アヌマーンラーチャトン著／森幹男訳『回想のタイ・回想の生涯　上』勁草書房、一九八一より。〔　〕内は引用者による）。

1900年前後のロート水路（前出 “Bangkok Then and Now”）

ラタナコーシンでは、すでに一九世紀後半から、舟運への依存に変化が見られたと考えられる。この時期には、水辺の住宅であっても、すでに主要交通は陸路に依存していたのであろうか。それを示す例がある。水の都から陸の都への変化の中で、ラタナコーシンの水辺の空間構造の変容を解く鍵にもなるので見てみたい。

ラタナコーシンを東西に流れるロート水路、正式名称ワット・ラー・チャナダー・ロート水路沿いの地区では、水路と平行に幅二メートルほどの道路を通し、その両側に家々が並ぶ住宅地を形成している。トンブリーのワット・バーンイーカン地区と同様、水路沿いの上岸と下岸からなる街区構造を住宅地にも見ることができる。この地区の下岸には、間口が狭く、奥行き一〇メートルほどの敷地が並ぶ。一方、上岸には、不規則ではあっても間口が広く奥行きの深い敷地が並び、住宅もゆったりと建築されている。そして、これら下岸

現在のロート水路

と上岸のいずれの住宅群も道路に正面を向けている。トンブリーにおける王侯貴族の住宅地の近代化とは、水辺に洋風の装飾が施された住宅をつくり、正面を水の側に向けて象徴的に建てることであった。それに対し、この地区では水路を利用していたとしても、住宅の水辺に対する意識が薄らいでいると言わざるを得ない。

一八九六年の地図を見ると、上岸にはすでに住宅が並んでいる。一方、下岸の住宅は、水路にせり出すように建築されて、上岸に対し戸数も少ないことがわかる。その後、一九一〇年代の地図を確認すると、下岸にも多くの建物があり、注目すべきは上岸と下岸の敷地が相互にほぼ同じ間口で割られていることである。住人の一部からかつての土地権利書を見せてもらったところ、上岸と下岸の両方を所有するケースが確認された。つまり、この住宅地では、上岸の所有者が下岸に借家、あるいは使用人や親族のための住宅を建設し、現在

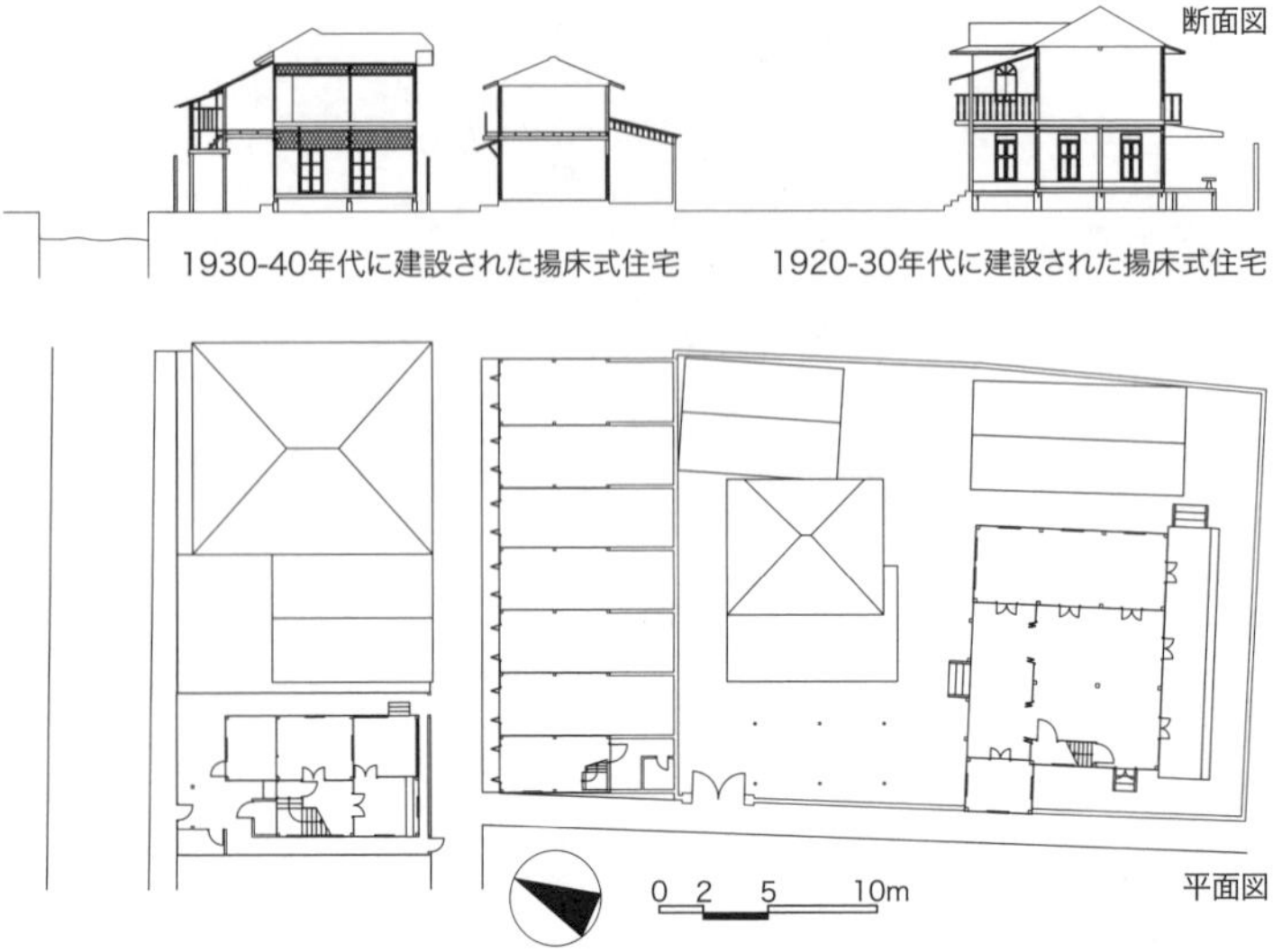

上岸と下岸の構造を持つロート水路沿いの住宅地

道路側の光景　車の入れない狭い路地は住民の憩いの場でもある．

のような上岸と下岸からなる空間構造を持つようになったのである。だが、下岸に対し、上岸は住宅の規模や住環境に優位ではあっても、生活用水の確保や生活排水の便を考えると不利である。そのため、上岸の住宅では、井戸を持つ例が多く見られた。

このような事例から、すぐさま舟運から陸運に主要交通が取って代わったとは断定できないが、少なくとも水辺に対する絶対的な依存と意識が薄れ、水路を含む住宅地の空間構造に変化が生じていたことは確かであろう。

ドゥシット——水と緑に囲まれた庭園都市

ラタナコーシンでは、一九世紀中期から、道路とそれに隣接する土地開発が積極的に行われた。一八九六年の地図を見ると、水路沿いや道路沿いには、ショップハウスや住宅が並び開発が進んでいたことを確認できる。一方で、街区内部には、水路が不規則に入り組み、いまだ開発は進んでいない。

一九世紀末から二〇世紀初頭にかけて、郊外では効率よく敷地を並べるために、碁盤状に道路を配置する計画的な街区開発が始まった。もともと郊外は、ラタナコーシンに比べて開発の遅れた土地であるから、排水や下水のための水路開削が必要不可欠な低湿地であった。そのため、郊外の道路建設は、水路の開削とセットで行われ、残土を盛り土として道路が建設されたのである。それには、首都省や土木省のお雇い外国人技師による近代土木技術が積極的に採用された。とりわけ、いかに排水を効率的に行いながら、陸の都市としての豊かな居住環境をつくりだすかが企図されていた。

そうした中で、ラタナコーシン北部のドゥシットに新王宮が建設される。その新王宮とラタナコーシ

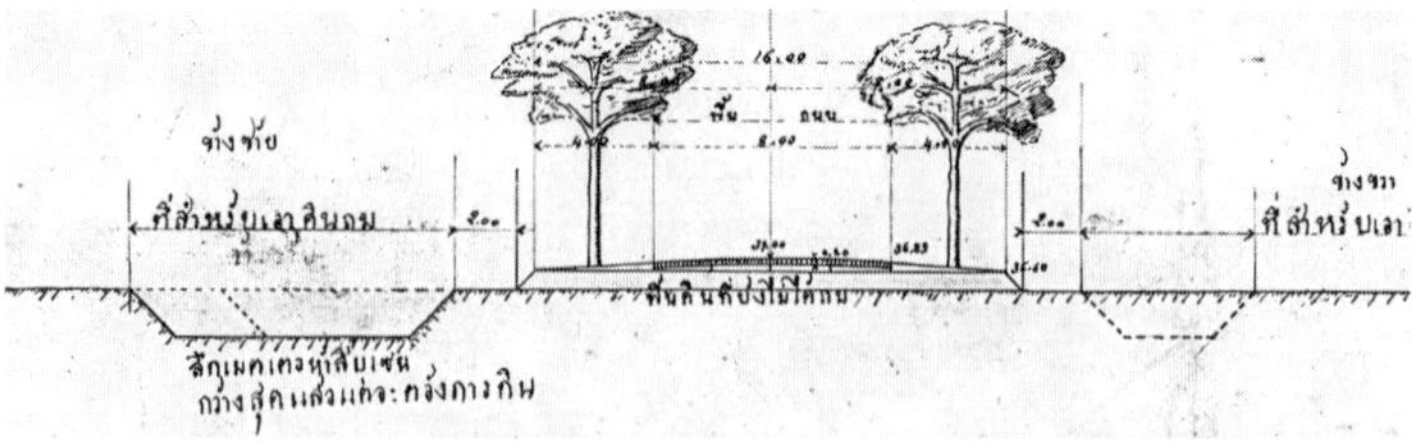

1905年に首都省が作成した道路の計画図　ドゥシットのような郊外では，水路の開削と道路の建設がセットで行われていることがわかる（タイ国立公文書館蔵）.

ンの王宮を結ぶため、一八九七年から一九〇二年にかけて、ラーチャダムヌーン通りが計画され、アイストップにはイタリア人建築家マリオ・タマヨラによって、ドーム状の屋根を持つルネッサンス様式のアナンタサマーコム宮殿が象徴的に配置された。また、この宮殿を中心に東西に四本、南北に四本の道路がグリッド状に通された。その道路沿いには、王族の宮殿から、近代国家が必要とした人材を育成する学校、軍事施設、官公庁施設、この地区で働く武官や文官の住宅地、アジアの近代娯楽施設の競馬場に至るさまざまな建物が計画的につくられた。つまり、ドゥシットは近代国家建設を目指すタイにふさわしいグリッド状の街区構成と、明快なゾーニングという近代の都市計画の理念のもとに全体が計画されたのである。

　もともとドゥシットの土地は、果樹園の広がる低湿地であった。そのため、ここでも排水や下水のための水路の開削は重要で、道路の建設とセットで実施されているのは注目すべきであろう。水路の開削は、道路建設の盛り土を得るためでもあり、同時に水はけの悪い低湿地のドゥシットを「陸の都」へと変えるための排水路でもあった。一方で、水路は、王宮や宮殿といった重要な施設を周辺のエリアから遠ざけるための機能を持ち、物理的かつ視覚的に切り離す一種の境界としての役割を果たした。しかも、宮殿などの大規模な施設には、巨大な池がつくられ、それらは水路でチャ

アナンタサマーコム宮殿（Naengnoi Suksiri, “Palaces of Bangkok”, River Books, 1996）

水と緑の庭園に囲まれたヴィマンメーク宮殿

オプラヤー川とつながり、敷地内に常に豊富な水が循環する庭園が生み出された。

人口の過密化により水路の機能が低下するラタナコーシンとは対照的に、ドゥシットでは近代的な衛生概念にも適合させながら、むしろ水を積極的に利用する計画的な庭園都市がこうして誕生したのである。

バーンラック―西洋人のまちと郊外住宅地

ドゥシットの開発が国家によって実施されたのに対し、バーンラックは不動産投資を目的とした貴族や商人の資本によって開発された地区である。それは開発者の名がついた道路名からも知られる。バーンラックの都市開発が、一九世紀末から二〇世紀初頭にかけて活発に行われた背景には、二つの理由がある。第一に、一九世紀末から道路建設とショップハウスの開発がセットで行われ、土地の資産が上がり、加えて王以外のすべての人びとに等しく土地所有が認められたことがある。第二に、貴族や商人たちの間で、住宅の密集した都心に住むよりも、閑静で自然豊かな郊外に暮らしたいという志向が強くなったことがあげられる。

プラナコン南部に位置するバーンラックの歴史は、一八二二年にポルトガル領事館が建設されたことに始まる。この近くには、ラタナコーシンへの遷都以来、サンペン、つまりチャイナタウンがあって、さらにその下流域にポルトガルやフランス、イギリスなどの領事館がつくられ、周辺には領事館業務に携わる西洋人の住宅やイスラム教徒などのエリアが形成された。

一九世紀半ばに入ると、南のバーンラックと北のラタナコーシンを往来する西洋人が舟運の不便さを嘆き、道路建設を王に嘆願する。これによって、一八五四年にトロン通り（現ラーマ四世通り）、一八六二年にマイ通り（現チャルンクルン通り）が開通する。続いて、東のトロン通りと西のチャルンクルン通りをつなぐように、東西に走るシーロム通りが水路とセットで建設される。さらに、一八八八年にはシーロム通りの南側にサートン通りがつくられ、この道路もまた水路とセットで開発された。一八九七

1940年代のサートン通り　水路と道路が平行に計画され，大きな敷地の邸宅街が形成されている（前出“BANGKOK 1946-1996”）．

年にはシーロム通りの北側にスラウォン通りが、一九〇三年から一九〇六年にかけてはその北側にシープラヤー通りが通された。だが、この二本は水路とセットではなく、道路のみで開発されている。こうして、バーンラック地区は、とくにチャオプラヤー川と内陸部を結ぶ東西のシーロム通りを中心に、その南と北に形成されてきた。では、東西と南北の方向に分けて、バーンラック地区の空間構造の特徴を見てみよう。

まず、一九世紀半ばのバーンラックでは、西にチャオプラヤー川があり、それに並行してマイ通りが南北に通り、東のトロン通りとを結ぶように東西のシーロム通りがこの地区

バーンラックの墓地

の中央を貫く。さらに、チョンノンシー水路が南北に流れている。

注目されるのは、チョンノンシー水路とシーロム道路が交わる場所に、中国人と西洋人のキリスト教墓地が存在することである。バンコクでも、墓地は一般に都市のエッジに置かれる。その後の市街地の拡張に飲み込まれ、現在では墓地が都市の繁華街に位置しているが、バーンラックでは、チャオプラヤー川から開発が進み、チョンノンシー水路までが一九世紀半ばの都市領域のエッジとして認識されていたことが読み取れる。

一九世紀後半に入ると、バーンラックには地区を東西に貫く道路が多く建設されたが、シーロム通りを境に、南側と北側では道に接する建物の機能や敷地規模が大きく異なる。一九三二年の地図を見ると、水路とセットで開発されたシーロム通り（一八六二年）とサートン通り（一八八八年）に挟まれた地区では、すでに南北方向の道路があり、街区の内部にまで開発が進んでいることを確認できる。また、サートン通り沿いには、敷地内に水路を引き込んだ庭園を持つ大規模な邸宅やドイツ大使館、アメリカ大使館、デンマーク大使館が並んでいる。一方、シーロム通り北のスラウォン通り沿いには、博物館やイギリス人クラブがあるものの、サートン通り沿いに比べると敷地規模の小さな屋敷地が並ぶ。また、主だった施設は日本大使館のみであり、敷地内に庭園を持つ住宅もほとんど見られない。さらに、北側のシープラヤー通りに至っては、道路沿いにレンガ造の棟割長屋や印刷所などの商業・産業施設が立地し、しかも街区内部の開発もほとんど行われていない。

シーロム通りを境に、道路と水路の両方に接する住環境に優れた南側には高級住宅地が形成され、道路のみの北側のスラウォン通り沿いなどは、排水や下水機能の不安定な住宅地であったことが推察される。

こうして、プラナコンにおける郊外住宅地の開発は道路の建設を軸に行われた。しかしながら、ここでも低湿地という自然環境に適合させながら良好な居住環境を得るために、道路の開発とセットで水路の開削をも行うことが重要な意味を持っていたといえよう。近代的な郊外住宅地であっても、排水だけでなく、敷地内に水路を引き込み、そこを庭園とする親水性の高い空間を住宅内に実現させた点は特筆すべきであろう。

サンペン——バンコク最大の商業地

一七八二年、都をトンブリーからプラナコンに遷都したとき、そこにはすでに華人の貴族と商人の集落が存在していた。そこで、王は華人たちにチャオプラヤー川下流のラタナコーシン城外に代替地を与え移転させる。これが、バンコク最大の商業地かつチャイナタウンであるサンペンの始まりである。

サンペンレーンの内部

屋根の上から見たサンペンレーン

この地区は、これまでと明らかに異なる街区構造を持つ。まず、チャオプラヤー川と並行して、内陸部にメインストリートのサンペンレーンが東西に走る。そのチャオプラヤー川とサンペンレーンを複数の南北の路地と小さな水路が結ぶ。一八九六年や一九一〇年代の地図を見ると、すでに水路は埋め立てられているものの、当初の街区構造がほぼそのまま受け継がれていることがわかる。二〇世紀初頭には、道路を軸とする現在と変わらない商業地がすでに形成されていたのである。

サンペンレーンは、プラナコンで最も古い道路の一つだ。この道路は、チャオプラヤー川と並行に、内陸側のより安定した地盤に位置し、陸上に商業地の目抜き通りをつくりだそうとした意図がうかがえる。幅員四メートルほどの狭い道路に沿って、間口が五メートルから六メートルと狭く、奥行きが二〇メートルから三〇メートルと縦に長い敷地が並ぶ。そこにはレンガ造の地床式の町家が多くつくられ、中国華南地方に特徴的なな屋根飾りを持つものも少なくなかった。この地区からは、道路沿いという限られた敷地に多くの店舗を並べ、土地を有効に利用する商業地ならではの空間構造が見出せる。

また、サンペンでは、チャオプラヤー川とサンペンレーンをつなぐ路地に沿ってショップハウスが並び、その路地からさらに街区内へと導く小道が網の目状に巡って地区全体を組み立てている。街区内には小規模な店舗や工場、サンペンで働く人のための木造の棟割長屋がつくられた。

さらに、一九世紀末から二〇世紀初頭の地図を見ると、チャオプラヤー川沿いには倉庫や船着き場の建物が多く描かれていて、外港としての機能を持っていたことがわかる。チャオプラヤー川まで大きな船で運ばれた荷は、小舟に積み替えられ小さな水路を使い、あるいは荷役に担がれ路地をつたってサンペンレーンの店へと運ばれた。

一八九〇年代から二〇世紀初頭にかけて、サンペンではラーマ五世により、新しい道路の建設や既存道路の拡幅が行われる。ヤワラート、ラチャウォン、アヌウォン、ソンワートなどの通りがそれである。

再開発の理由には、次の三つがあげられるだろう。

第一に、こうした道路整備は防火対策の一環であった。密集したチャイナタウンにあって、一度火が出ると路地を越え、あっという間に一面焼け野原になるからである。

第二に、この時代から、徐々に物流システムが舟運から陸運へ変化したことがある。とくに、バンコク最大の商業地であるサンペンでは、チャオプラヤー川沿いの外港で荷を積み替え、小さな水路を利用して内陸側のサンペンレーンに運ぶのでは、増え続ける商品を効率よく、しかも早く移動させることができなかったはずだ。チャオプラヤー川とサンペンレーンをつなぐラーチャウォン通りやアヌウォン通りなどは、水路を埋めて道路としているのもそのためであろう。

第三に、道路の建設を機に、それに沿って投資を目的とした棟割長屋を開発し、賃貸の利益を得ようとしたことがある。チャイナタウンの一九世紀末から二〇世紀初頭にかけて建設、再開発された道路沿いには、現在もなお王室所有の棟割長屋が多い。

二〇世紀に入り、道路建設が盛んに行われるようになったバンコクは、一般的には水路を埋め立て、それに代わって道路が建設されたと考えられている。しかしながら、一八九六年と一九三二年の地図を比較してみると、少なくとも一九三二年までは、ラタナコーシンや郊外で、水路の埋め立てがほとんど行われていない。たとえ水質汚染が進み、また地区における舟運利用の度合いが低下しても、排水や下水路としての機能を持つ水路は、衛生の面から都市に不可欠なものであったからだ。だが、サンペンではこのルールから逸脱した水路の埋め立てによる道路建設が、一九世紀末から二〇世紀初頭にかけて行われている。これは、居住環境よりも、むしろ経済効率を上げることを優先した商業地ならではの結果であろう。

ところで、一九世紀末から二〇世紀初頭に、現在のサンペンの目抜き通りとなるヤワラート通りが建設されているが、通りの建築群で目を引くのは、むしろチャオプラヤー川沿いのソンワート通りのほうである。この通りもまた、チャオプラヤー川と並行に二〇世紀初頭に建設されている。通りに沿って、第Ⅲ部で見るタイ北部のランパーンのように倉庫や事務所、店舗を兼ねたレンガ造のさまざまな様式のファサードを持つショップハウスが並んでいる。ロココ、バロック、ネオクラシズムからインターナシ

ソンワート通りのショップハウス

ヨナルスタイルまで、そのファサードの種類は実に豊富である。

さて、サンペンの地区内を縦横に巡るかつての水路は、現在ではすべて埋められている。そうしたサンペンにあって、現在も水との結びつきの強いエリアがハン橋周辺である。そもそも、このハン橋はサンペンとラタナコーシンをつなぐためにオーンアーン水路に架けられていたことで知られる有名な橋である。二〇世紀初頭に、ヨーロッパ視察から帰国したラーマ五世が、イタリアの橋を模して橋の両側に店舗を並べ、中央を通りとする橋を架けた。

このエリアもまた、商業地に特有の上岸と下岸からなる空間構造を持つ。水路と並行に、幅三メートルの狭い路地が通り、下岸には奥行き二メートルの二層の木造あるいはコンクリート造の棟割長屋が並ぶ。反対の上岸には奥行き一五メートルほどのコンクリート造のショップハウス、もしく

ショップハウスの外観

20世紀初頭のハン橋　川岸には倉庫が並び，商業地の賑やかな様子を伝える（前出"The Chao Phya- River in Transition"）．

は木骨レンガ造の華洋折衷様式の町家が軒を連ねる。馬頭形の屋根と龍をモチーフにした中華風の欄間の透かし彫り、それに加えてモールディングなどの洋風の装飾が施されている。上岸の町家の裏には広大な敷地が広がり、そこに店主や土地所有者の住宅が立地する。

水路と並行に走る通りは、ヤーチュン（きざみ煙草）小路と呼ばれていて、煙草の卸問屋や漢方薬を扱う問屋が並んでいる。ここでは、上岸の店舗が下岸を倉庫として利用する事例が多い。住民からの聞き取りでは、上岸をバーン・ナー（前の家）、下岸をバーン・ラン（後の家）と呼んで区別しているという。舟によって運ばれた商品は、まず水路沿いの下岸の倉庫

ヤーチュン小路

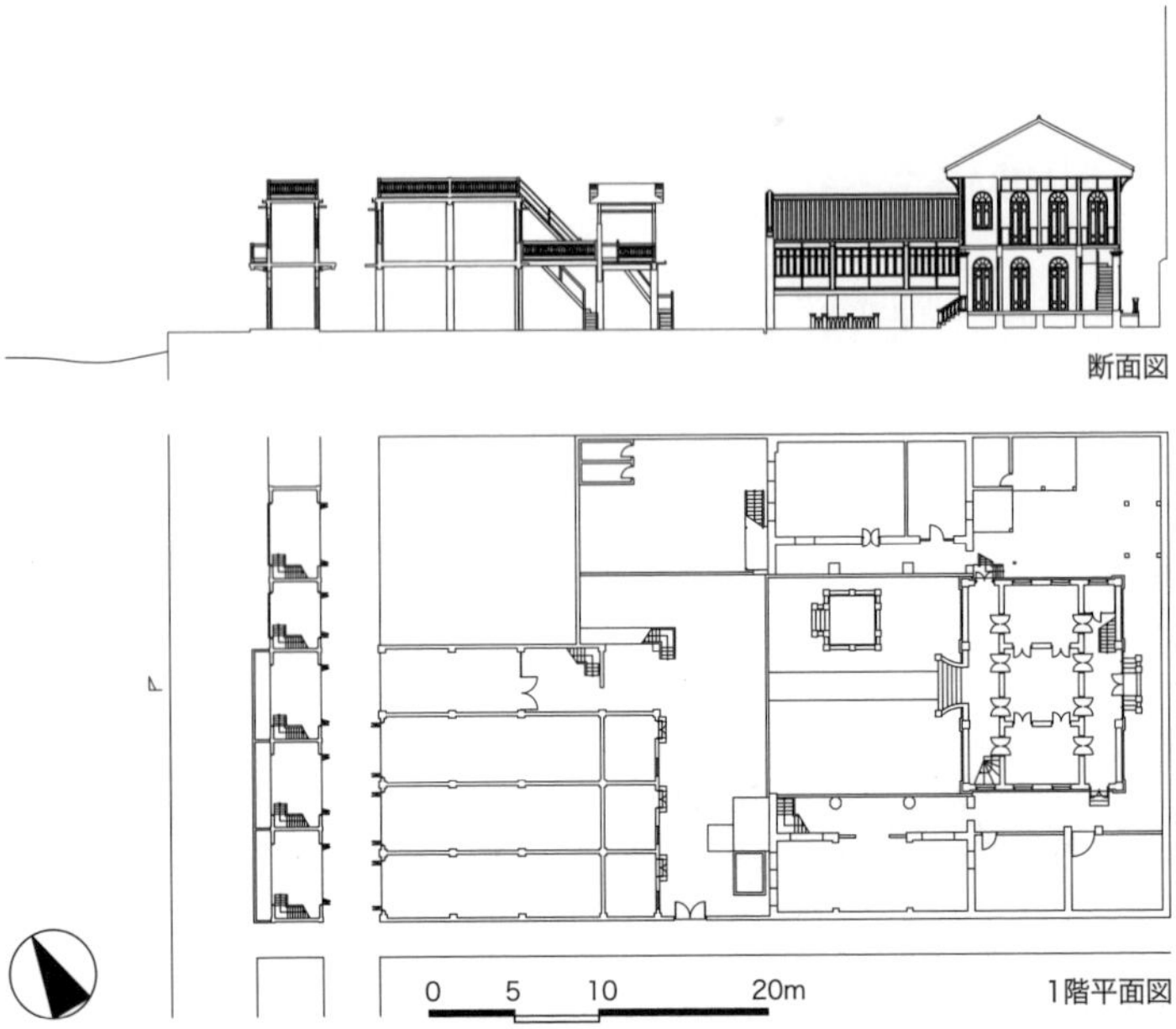

ハン橋エリアの空間構造

に陸揚げされ、上岸の店舗で売られる。そのため、上岸と下岸の店舗や倉庫は、いずれも通りに面する部分に壁を持たず、品物の搬入や間口いっぱいの店部分を確保するために、折り戸を設けて対処している。また、下岸では舟からの荷の搬入のために水路側の壁面にも折り戸がつけられていて、水の側にも建物の顔が向けられている。こうして、水路、下岸の倉庫、道路、上岸の商店奥の住宅が一体となった合理的な商業地の空間構造が生み出されているのである。

このエリアでは、上岸の奥に位置する邸宅の王侯貴族や華人商人が、上岸と下岸の土地を所有し、そこに店舗をつくって華人に貸し出すケースが多い。水路に直接面していないこうした邸宅は、水路を利用するには都合が悪い。そのため、敷地内に井戸を掘り生活用水を確保するとともに、水路へ排水するための排水溝を独自につくっている。また、中国の華中・華南地方と同様、トイレにはおまるを用いることもあったという。

住宅の変容

一八世紀後半以降、プラナコンでは居住に適さない低湿地という自然環境を改善しながら、水路を軸に都市を形成してきた。その独特な環境に適合させるように、水辺には高床式住居であるバーン・ソン・タイや筏住居のルアン・ペーが並び、バンコクならではの水の都の景観をつくり上げてきたのである。

しかし、一九世紀後半を一つの境として、プラナコンでは道路建設を軸としながら内陸部の開発を進め、さらに郊外にも住宅地が形成される。そこには、海峡植民地や西洋から導入されたショップハウス、洋風建築がつくられていく。こうして、タイに伝統的なバーン・ソン・タイも、洋風建築の様々な影響を受けながら独自の変容を遂げることになる。また、近年の堤防の整備などで洪水の心配がなくなったエリアでは、床下部分にレンガを積み居室化するといった増改築が見られる。

ここでは、一九世紀前半と後半に分け、実測、聞き取り調査で得たデータ、絵図や古地図といった史料をもとに、都市の変容過程を追いながら、住宅の立地条件と自然背景、社会的背景、さらに宗教儀礼や生活習慣に着目し、住宅の空間構成のみならず、構法の変容や増築までをも含めて見ていきたい。

まず、一九世紀前半までの住宅には、空間構成と立地条件の関係から、次の三つのタイプが見出せる。第一のタイプは、伝統的な高床式住居のバーン・ソン・タイである。一般に、空間構成は、バンダイ

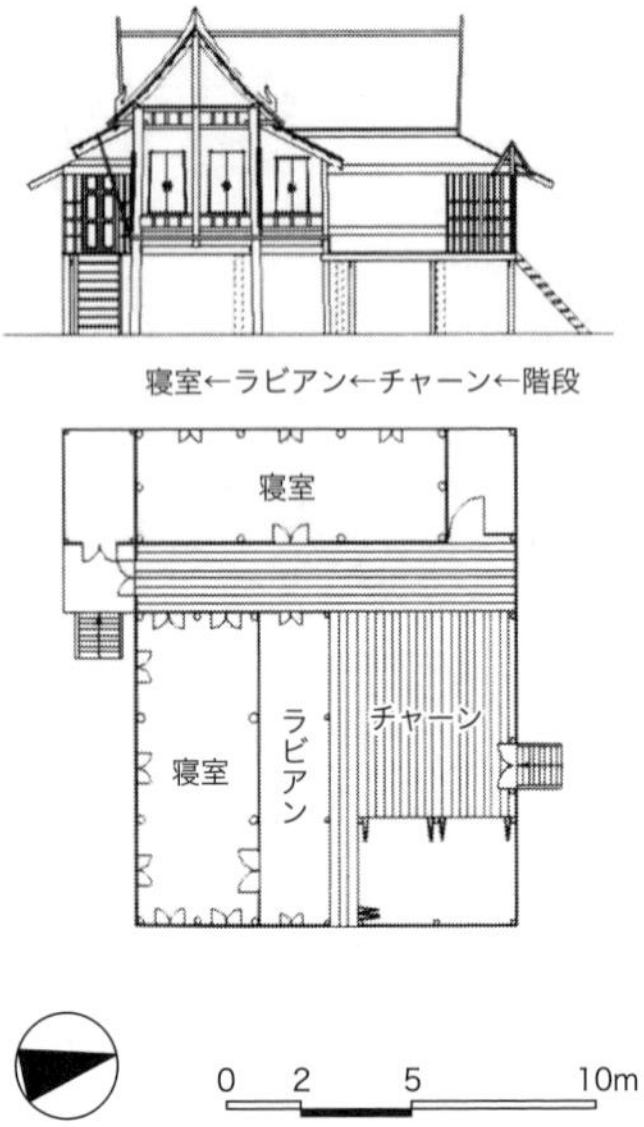

プラナコンのバーン・ソン・タイ

（階段）、チャーン（屋根のない移動のための空間）、ラビアン（庇下の居間空間）、ホンノーン（寝室）からなり、階層や民族を越えて広く普及したバンコクで最も典型的なタイプである。

　第二のタイプは、竹の筏にバーン・ソン・タイの床上部分を載せた筏住居の浮家（ルアン・ペー）である。このタイプは、いかなる河川の水位変化にも対応でき、水との共生が最も可能な住宅といえる。それゆえ、華人系商人の店舗併用住宅、舟運を最大限に利用することが求められた職種や階層の住宅に特徴的に見られる。しかしながら、二〇世紀に入ると、浮家は舟運を妨げるものとして係留が禁止され、プラナコンの中心部から姿を消していく。

　第三のタイプは、中国風の四合院や三合院といった中庭式の住宅である。このタイプは、サンペン周辺に立地し、華人系の富豪や貴族の住宅に特徴的なものである。地面に直接床を張る地床式住居であり、いずれも二層でつくられる。

　このように、一九世紀前半までの住宅は、華人系のタイプを除くと、いずれも伝統的なバーン・ソン・タイの空間構成を基本とし、水位の変化に対応できる水との共存を図るものが一般的であった。

バーン・ソン・タイは、熱の対流と降雨を考慮して、天井の高い急勾配の切妻屋根が架けられる。また、小屋組は叉首《さす》組でつくられ、釘を使わず、貫《ぬき》なども単純な継ぎ手仕口《しぐち》と込栓《こみせん》によって組まれるという特徴を持つ。住宅へのアプローチと動線は、一般的にバンダイ↓チャーン↓ラビアン↓ホンノンとなり、この順に奥へ進むにつれて私的空間としての意味を増す。

チャーンは、棟と棟をつなぐ移動のための屋根のない空間であり、低湿地や水面という不安定な地盤が広がるタイにあっては、住宅に欠かせない、いわば人工地盤の役割を果たす。ラビアンは、チャーンに面する寝室や仏間の前面に配置され、庇下あるいは下屋のベランダに似た空間である。熱帯気候のタイにおいて、強い日差しを避け、通風を確保できる半戸外の心地よい空間となる。機能的には、ラビアンは食事や接客、昼寝など、日常的かつ多目的に利用される居間のような空間である。冠婚葬祭や宗教儀礼もまた、このラビアンで行われる。僧侶だけでなく、階層や年齢の上の者が一段高いラビアンに、下位の者が低いチャーンに座る。ラビアンは、たんなるベランダに似た居間空間としてだけではなく、重要な儀礼空間として重要な意味を持つ。

一九世紀後半に入ると、プラナコンの都市と建築は大きく変化していく。都市的な視点から見ると、一八六〇年代から道路建設が始まり、シンガポールをモデルとしたショップハウスが建設され、一九世紀末から二〇世紀初頭にかけて、道路を軸とする郊外住宅地が計画される。また、プラナコンでは、護岸の整備による地盤の安定が図られ、低湿地に形成されたバーンラックやドゥシットといった郊外住宅地では、排水のための水路を開削し、その残土を盛土してより安定した土地が生み出された。

これにより、それまでの伝統的な高床式住居と違って、人工地盤としてのチャーンの必要性が薄れ、床高も五〇センチから一メートルの二層の住宅、あるいは地面にそのまま床を張るレンガ造の地床式住

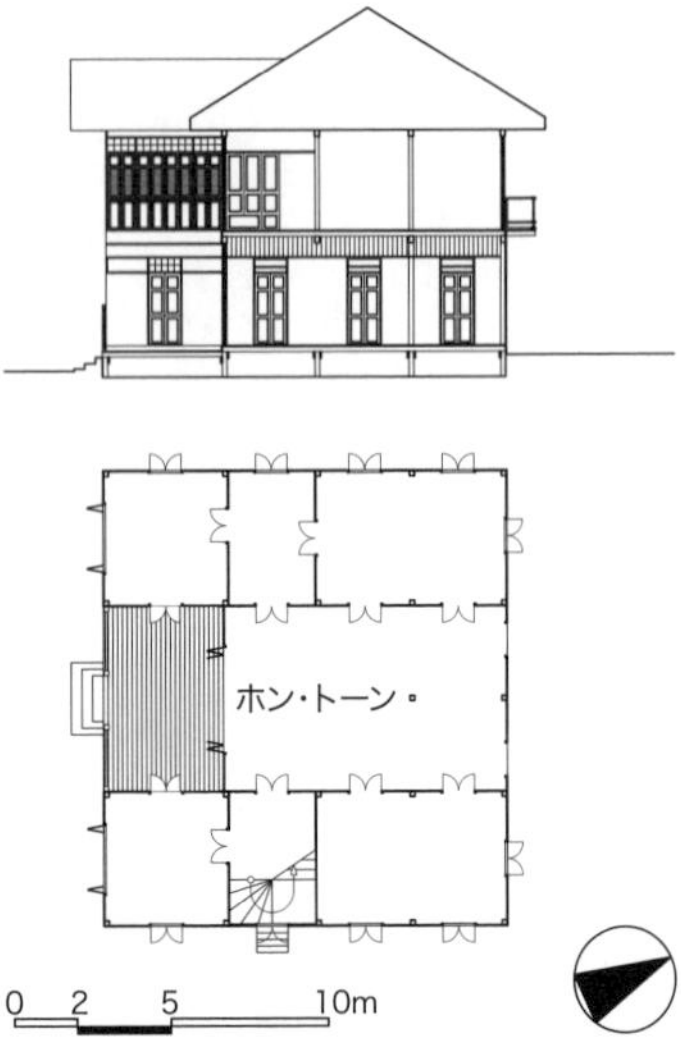

プラナコンの洋風住宅

居が多くつくられる。また、叉首《さす》から発展して洋小屋の新しい建築技術が導入されたことから、それまでとは屋根の形式が異なる多様な空間構成を持つ洋風住宅が登場した。

　洋風住宅では、熱帯気候に対応するため、コロニアルスタイルに特有のベランダが設けられる。この洋風住宅のベランダは、空間的にはラビアンに相当するといえるものの、そこには儀礼空間としての意味はなく、屋内のホン・トーン（ホール）がそれに取って代わる。加えて、住宅の正面にポーチを配し、妻飾りや破風飾りをつけて、象徴的なファサードを演出した住宅もつくられた。

　こうした一九世紀後半からの土地の安定化と洋風住宅の影響を受けて、バーン・ソン・タイも独自の変容を遂げる。その特徴としては、まず平屋から二層へと階数が変化し、それにともない床高も低くなる。屋根の小屋組みは叉首から洋小屋へと変化し、形式も切妻《きりづま》から寄棟《よせむね》や腰折れ屋根など多様なバリエーションを見せるようになる。

　それでも、二層の住宅では、人の頭を重要なものとして考えるタイの伝統的な習慣にしたがって、主寝室や仏間といった重要な空間は二階に配置され、また住宅の前面に儀礼空間としてのラビアンを置く

洋小屋の大屋根を架けた洋風の宮殿（ドゥシット）

バーン・ソン・タイを二層化した住宅

空間構成が継承された。さらに、実測調査を行った二〇世紀初頭から一九三〇年代に建築されたバーン・ソン・タイには、その空間構成から次の二つのタイプが見出せる。一つは、伝統的なバーン・ソン・タイの空間構成を単純に二層化したタイプである。このタイプは、一九二〇年代以降につくられるのが特徴で、都市部の職人や商人といった階層の住宅に多く見られる。もう一つは、ラビアンの一部を居室化し、そこに洋風の妻飾りや破風飾りを施し、アーチ窓をつけて、よりファサードを意識したL字型の空間構成を持つタイプである。

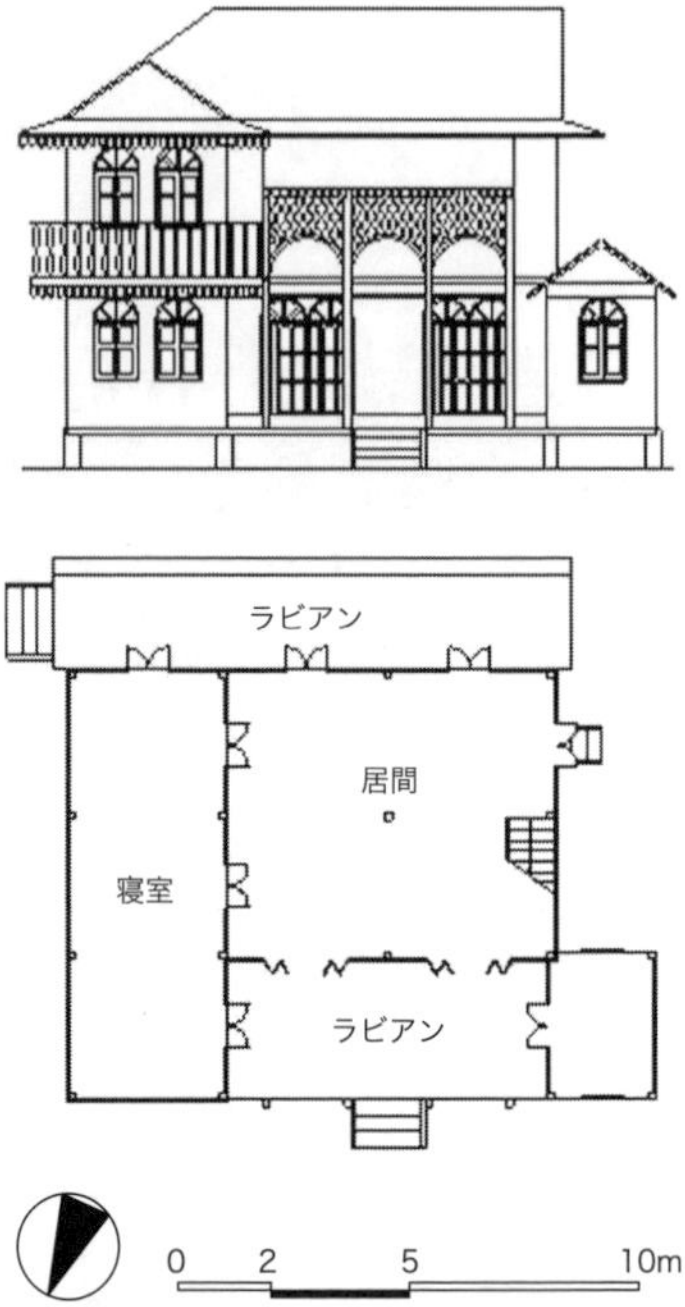

外観を意識したL字型の洋風住宅

ところで、一九八〇年代以降、いわゆるカミソリ堤防の整備により、毎年起こる慢性的な洪水の被害が減ったプラナコンでは、高床式住居の床下にレンガを積み、壁をつくることによって居室化する増改築が頻繁に行われるようになる。これら床下を居室化した住宅でも、仏間や主寝室といった重要な空間は、従来と同じ床上、つまり二階に置かれ、一階は居間や厨房、倉庫として利用されたり、非血縁者に貸し出されたりすることが多い。このように、床下の増改築後も床上に重要な空間が配置される理由としては、次の二つが考えられる。

第一に、伝統的な住まい方への意識がある。床上は人間の居住する重要な空間であり、床下は倉庫や家畜の空間であるというタイの高床式住居に独特の意識が現在も継承されていると考えられるためだ。もっと言えば、仏と人間、家畜などの獣の空間を小屋裏、床上、床下で分けるタイ人やアジアに共通する住まいの世界観が反映されていると見なすこともできるだろう。

第二に、バンコクの気候風土がある。現在のプラナコンでは洪水による被害は少ないものの、いまだ下水や排水溝が完備されていない水はけの悪い土地が多い。そのため、雨期には一時的に床下が浸水するエリアがある。したがって、浸水する可能性の高い床下に、重要な空間を配置することを避けているのである。

プラナコンの住宅について、これまでの考察をまとめると、まず一九世紀前半の住宅では、高床式のバーン・ソン・タイが一般的で、ラビアンが単に庇下の居間空間としてではなく、儀礼空間としても重要な意味を持っていた。

その後、一九世紀後半からの護岸の整備と内陸部の開発、それにともなう地盤の安定化と洋風住宅の影響を受けながら、バーン・ソン・タイは変容する。チャーンの喪失、平屋から二層、叉首から洋小屋へと変化しつつ、住宅の空間構成にもいくつかのバリエーションが生み出された。一方で、一階の床を常に地面から離し、住宅前面にラビアンを配置して、そこを儀礼空間とする習慣が受け継がれている点は注目すべきであろう。日本の住宅の歴史と同様、いかなる変化を遂げようとも、儀礼的な空間は継承されるのである。

また、近年では、高床式住居の床下の居室化といった、一見すると水との関係を失ったかのように見える住宅も多い。だが、そこでも伝統的な空間に対する意識を継承しつつ、雨期に対応した住まい方がなされていることは見逃せない。

こうして、プラナコンの住宅では、立地条件、自然背景、社会的背景、洋風のデザインや新技術の導入などの影響を受けながらも、儀礼という生活習慣や伝統的な空間に対する意識、また水との関係を継承しつつ、それらが多様に複合し集合して有機的な都市空間をつくり上げているのである。

III

水と共生する都市の諸相

1　シーラーチャー——サパーンでつながる海上集落

シーラーチャーは、タイの首都バンコクの南東約六〇キロに位置し、タイ湾を臨むまちである。日系企業の進出にともなう近代化したまち並みとは対照的に、海岸沿いに伸びるスクンヴィット通りから海に向かっていくつもの路地が伸び、その先に海上集落が形成されている。潮汐作用によって、満潮時と干潮時の海面の差は二・五メートルもあるため、午前中には集落の地盤が干潟となり、夜中には住宅の床下まで海水が満ちる。海に向かって、「サパーン」と呼ばれる路地状の桟橋が幾本も伸び、それに沿って海中に直接柱を立てた住宅が建ち並んでいるのである。ここに住む人びとは、主に漁業やその加工で生計を立て、漁業組合はなく、個人または家族で自由に漁をしている。

潮汐作用により、一日の半分以上が海の上となる環境の中、住宅群と陸を結ぶ桟橋のサパーンや住宅のチャーンは不可欠であって、人工地盤としての役割を果たす。

一九八〇年代から、テーサバーンと呼ばれる地方自治体の管理が強化され、サパーンの多くは従来の木製からコンクリート製に変わった。コンクリートのサパーンは、誰でも使用できる通常の通路としての機能を持ち、公共的な性格を強く帯びる。

一方、所々に残る木製のサパーンは通路以外の機能を持っていて、船着き場、作業場、家事の場、家族が集まる場所としても使用される。通路として使用されるものに比べて幅が広く、屋根がつくことも

シーラーチャーの海上集落

2 高床式住居とサパーン

ある。この場合、サパーンという名称ではなく、「ノーク・チャーン」と呼ばれるのが一般的だ。これらの所有は、親族、住宅の持ち主、各住宅の住人によって管理されているケースに分けることができる。使用者もまた、その住人だけでなく、近隣の住民との共有、親族のみでの共有に分けられる。つまり、木製のサパーンには、半私的、あるいは従来のまったくの私的な空間が残され、住民の日常の生活が色濃く反映されているのである。海と陸、その間にある住宅をつなぐサパーンやノーク・チャーンは、人工地盤として集落に不可欠な要素であり、全体の空間構造にも大きな影響を与えている。そこで、サパーンやノーク・チャーンの用途と配置、使用者に着目しながら、角タイプごとに事例をあげて具体的に見ていきたい。

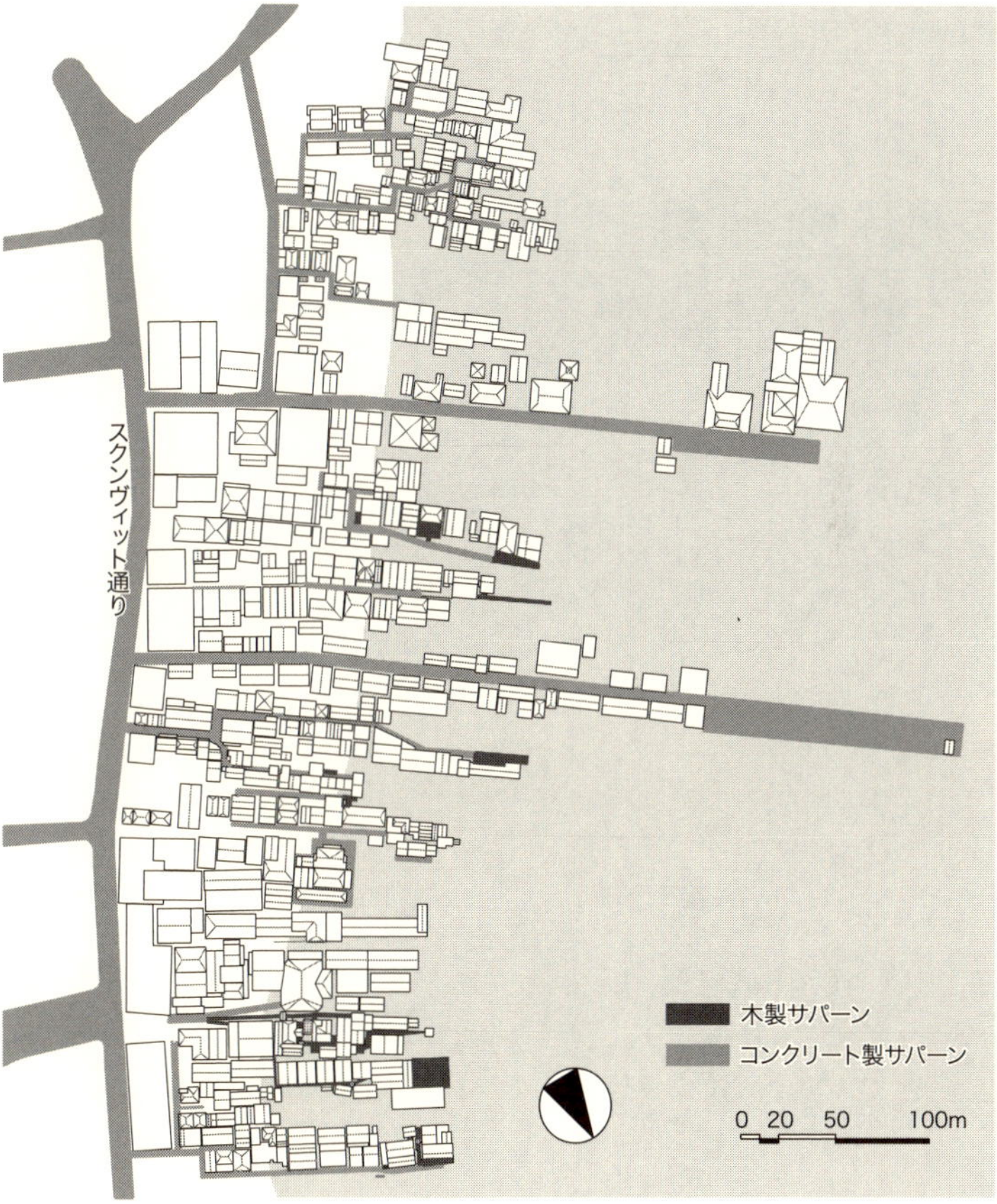
スクンヴィット通り
木製サパーン
コンクリート製サパーン
0 20 50 100m

シーラーチャー集落図

コンクリート製のサパーン

親族で集まる住宅群〈水際の大家族〉

一九五八年からここに住み始め、一族で漁業を営んでいる住宅群であり、われわれはここを〈水際の大家族〉と名づけた。〈　〉内の呼称は、いずれもわれわれが便宜的につけたものである。さて、二〇〇一年頃から、サパーンは法律により規制されて、海の方向にそれ以上伸ばすことができなくなった。それよりも前は、勝手に水面を囲い込み使用する「ジャップジョーン」と呼ばれる方法で占有していた。当初は、現在の祖父母が住む住宅だけであったが、親族の結婚などを期に建物を新築し、サパーンを伸ばして各住宅をつなぎ、面的に広がる集落を形成するようになる。現在、親族は二四人に増え、住宅は増築されて五軒となり、サパーンの先端の水際に大家族で集まり住む。

この住宅群に見られるサパーンとノーク・チャーンには四つのタイプがある。

木製のサパーン

一つめは、内陸の公共道路から住宅群へのアプローチとして用いられるコンクリート製の公共のサパーンである。

二つめは、住宅群の各住宅に分かれていく木製のサパーンである。幅が一メートルほどで通路として使われ、親族間で共有される半公的なサパーンといえる。

三つめは、とくに注目すべきタイプだ。この住宅群に特徴的な規模の大きなチャーンである。ここには網やたらいなどの漁業用具が置かれ、そのすぐ脇に漁船が着く。親族が集まり、獲った魚を加工したり、網を縫い直したりといった共同作業が行われる。また、備えつけのベンチやテーブルが設けられ、家族が集まる居間のような機能も持ちあわせている。つまり、親族で共有する半公的な空間であり、壁はないが全体に屋根がかかっているので、ノーク・チャーンと呼ぶにはふさわしくない。その先は、沖に向かって床板が長く続く。

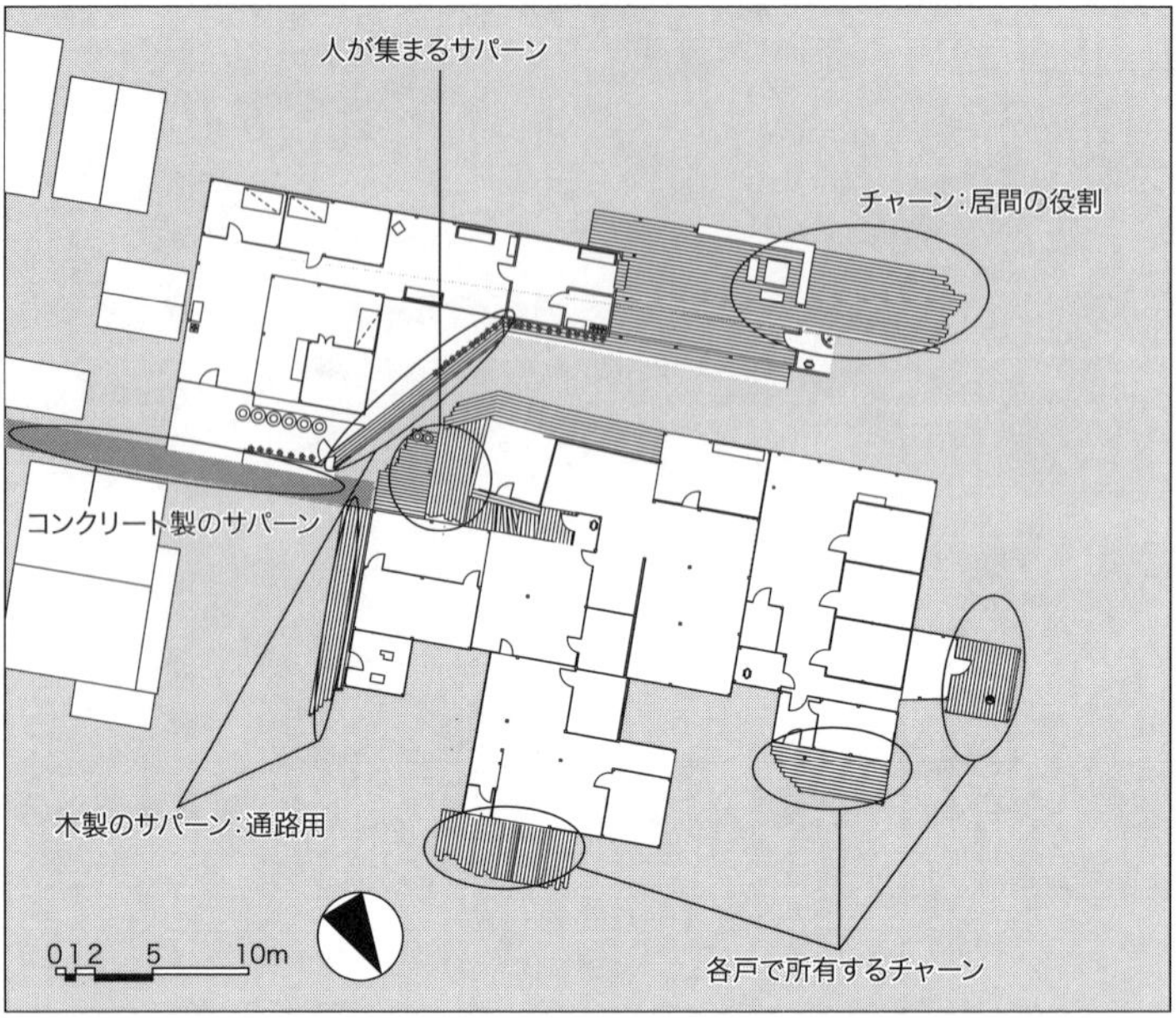

〈水際の大家族〉

四つめは、各住宅に設けられているもので、洗濯や炊事、仕事のための私的なチャーンである。タイの住宅では、どのような環境にあってもチャーンは欠かせないようだ。

このように、屋内外の区別が曖昧な心地よい空間が連続しているのであって、これこそがシーラーチャーに限らず、タイの住宅の特徴の一つといえる。親族が集まる住宅群では、ともに漁業を営むための共同空間が必要となる。そのため、海との接点である船着き場や、道からのアプローチの場所には共有の空間がつくられる。半公共的な空間が重要であることを示す一つの例といえよう。

〈フィッシャーマンズ・ビレッジ〉

一九二八年、祖父母の代にペッチャブリーから移住してきた親族の住宅群である。当初は一軒だけであったが、一九五〇年代、子供の結婚を機会にその向かいに住宅を新築する。その後、家族が増えるごとに沖の方向に住宅を増やし、現在は六軒の住宅に四世代の親族が住んでいる。

この住宅群より内陸の側は、かつては美しい砂浜だったという。つまり、サパーン沿いの住宅は、中段よりも先端の海側が最初に建設され、さらに海へと増築される。その後、陸側に向かって住宅がつくられていくのである。

自治体のテーサバーンにより、現在ではサパーンを伸ばし住宅を建設をすることが規制されている。それ以前は、個人が所有するサパーンに限り許されていた。この住宅群は、いまだ海に長く伸びるサパーンを持つため、今後も住宅を増築することができるのだと主張する。

この住宅群には、私的に使用される通路としてのサパーンがなく、ある程度の床面積を持つノーク・チャーンで住宅をつなぐ。ノーク・チャーンには、たらいや網がおかれ、共同で使用される漁の作業場となっている。ここでも〈水際の大家族〉と同様に、一部に屋根を設けることで、半屋外の親族の誰もがくつろげる心地よい空間をつくっている。作業場と居間の両方の機能をそなえた親族間における半公共的なノーク・チャーンといえる。また、サパーンの先端には、親族の共有する船着き場があって、全体的に半公共的な空間が拡がっている。

〈ギャンブル・ビレッジ〉

この住宅群は、最初の住宅の建設が一九五〇年代で、年を追って増築していった。ここでは、職業上の理由からか、他のものよりもプライベート性が重視されている。住宅群が所有するサパーンと公共のコンクリート製のサパーンとの間には門が設置されており、親族以外の使用はできない。作業や居間の機能を持つサパーンやノーク・チャーンもある。

以上のように、親族で集まって居住する海上の住宅群の事例を見てきた。いずれも生業である漁業、共同作業、親族間のコミュニケーションの場として、ある程度の広さがあり、人が集まることのできる

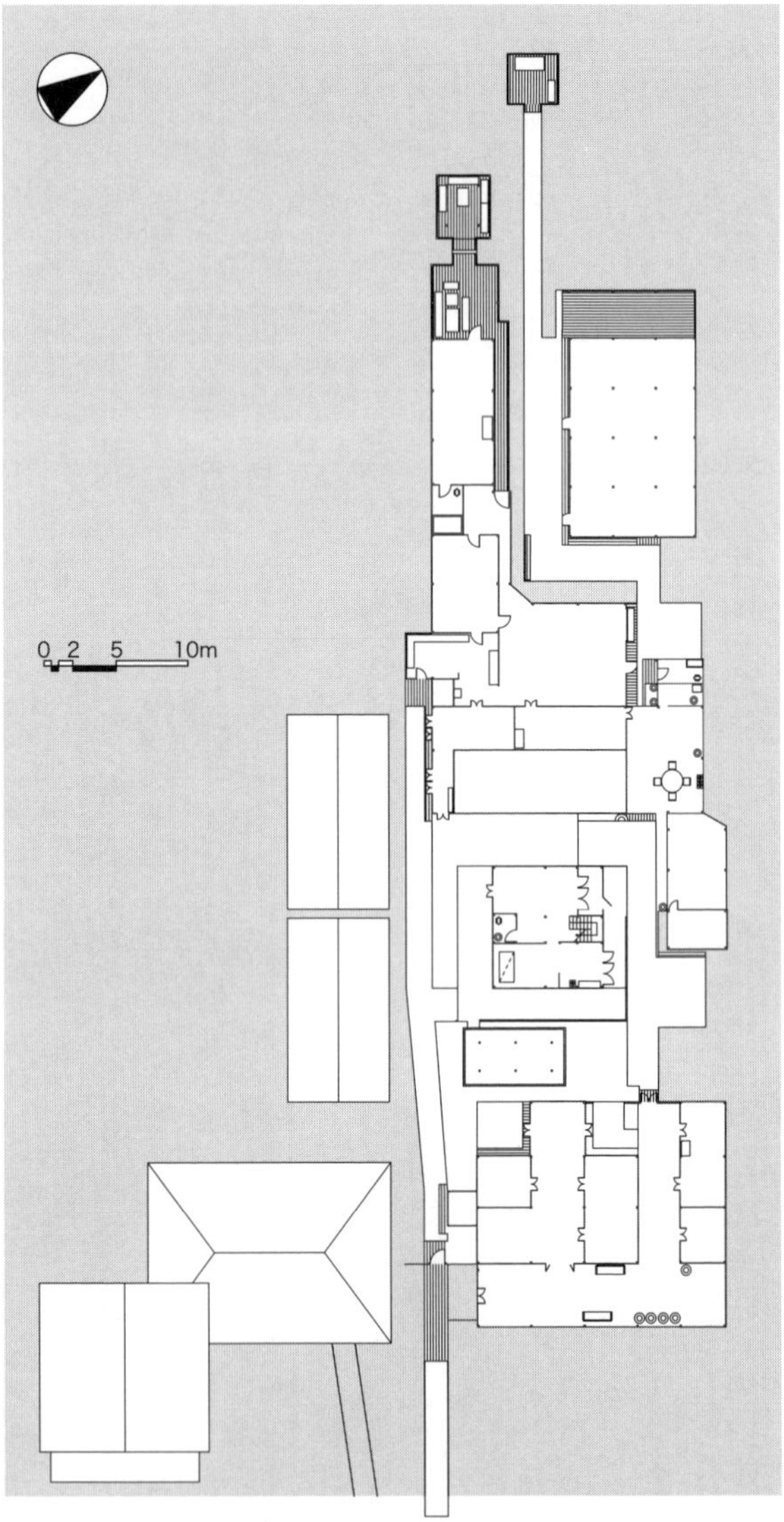

〈ギャンブル・ビレッジ〉

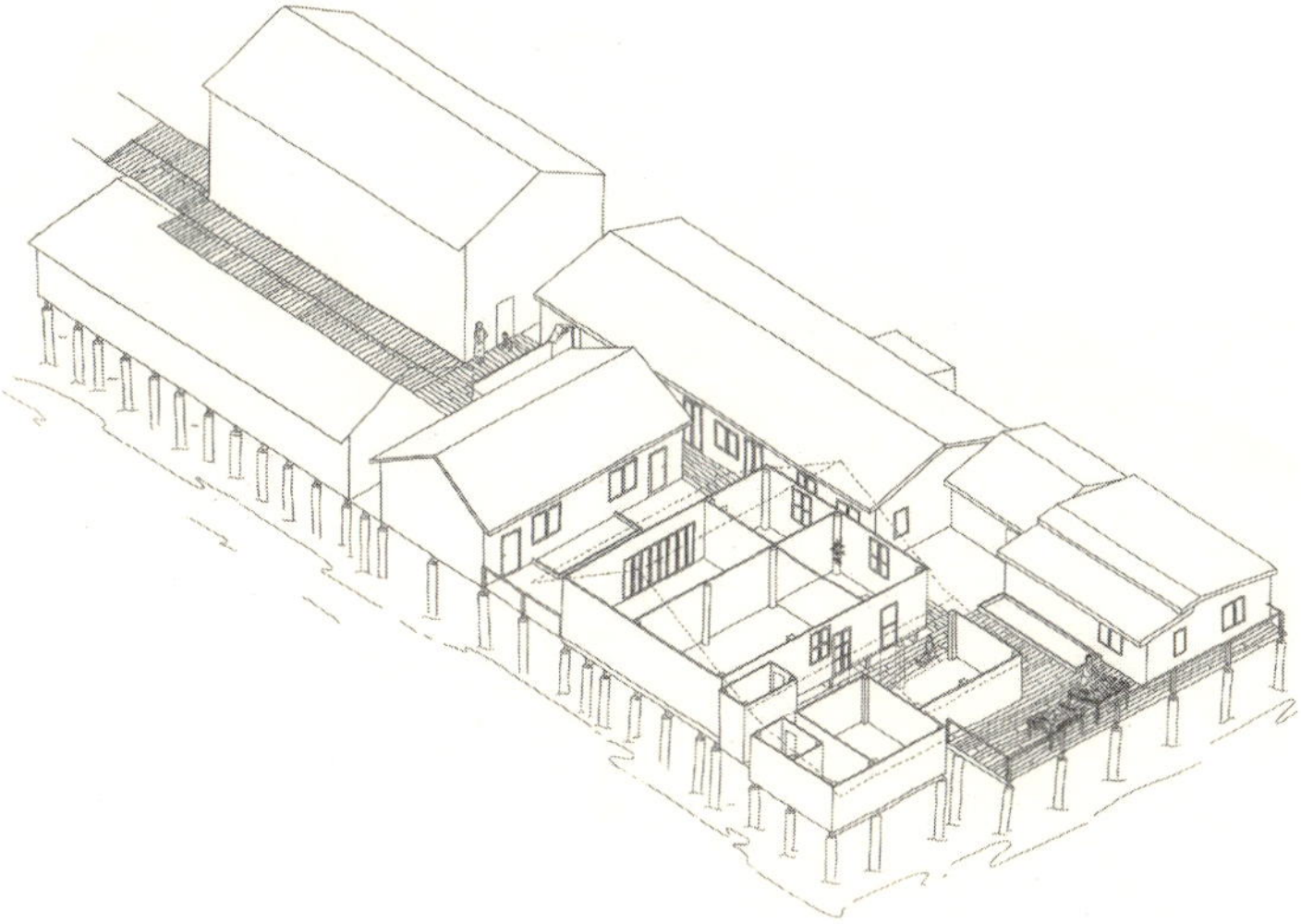

オーナーに所有される住宅群

サパーンやノーク・チャーンの空間を持つことが特徴である。通路の機能だけのサパーンは少なく、親族間が共有する空間として、居間や作業場の機能を兼ね備えている。また、そのサパーンやノーク・チャーンの周りに住宅が建築されているため、集落が面的に広がっていることも、親族で集まる住宅群の特色であろう。さらに、親族間で共有する空間は、仕事場である海と陸からのアプローチにあって、最も使用しやすい場所に位置していることも見逃せない。半公共的なサパーンやノーク・チャーンは、タイの住まいにとって必要不可欠であり、それは海上でも変わらない。

オーナーに所有される住宅群
〈木造レンタル・ビレッジ〉

ここでは住宅の所有者と住人が異なる賃貸住宅群をとりあげる。

この住宅群は、三人のオーナーによって所有・

〈木造レンタル・ビレッジ〉．作業の場となるサパーン

管理される賃貸の長屋三棟から構成されている。三棟のうち二棟は、住民の職業が漁業のほか、内陸の工場や会社で働く人など様々である。残りの一棟には、陸で働く女性と、市場で買った魚を乾物にし、みずから売りに行く加工業を営む夫婦が住んでいる。三棟それぞれの住宅がサパーンでつながっている。

陸からアプローチすると、まず一人めのオーナーの所有する住宅とサパーンがある。この住宅群の住民には親族関係がないので、サパーンは私的で通路の機能しか持たない。その奥の住宅の住民たちは、ここを通るだけなら了解が得られている。親族で集まる住宅群のように、サパーンを共同の作業場や居間として使うことはないものの、こうした使い方に同じ集落に住む者という帰属意識が見て取れる。

奥に進むと、二人めのオーナーが所有する住宅とサパーンがある。ここも個人が所有する私的な

庇下のノーク・チャーン

サパーンではあるが、さらに奥の住民の通過が許されている。陸側の入り口には扉がついているので、ここからは利用者がより限定され、私的の度合いが増す。一見すると、奥の乾物加工業を営む夫婦の住宅とサパーンの境い目がないように見えるが、そこから先は板の接ぎ方が異なっている。こうして空間の公私を区別している。

二つのサパーンが通路としての機能と、それに応じたボリュームを持っている一方で、三つめの乾物加工業を営む夫婦の住宅の周りには、幅のあるサパーンが広がっている。一九七〇年代までは、三人めのオーナーが住む陸側の棟だけであったが、賃貸に変える際に、海側の棟とそれを囲む木製のサパーンが増築された。その理由としては、現在の住民の生業が関わっていて、乾物をつくるためにある程度の広さを持つ空間が必要だったからである。また、それとは別に庇下の小さな作業空間もある。内部空間のようにも見えるが、サパーンとの空間の区切りがないため、縁側に似た半屋内空間である。そのため、住人からの聞き取りでもサパーンではなく、ノーク・チャーンと呼んでいるという。ここのサパーンやノーク・チャーンは、夫婦だけが使用する私的な空間となる。生業による必要性と海により近いという場所性から、奥へ進むにつれて私的空間の意味を増すのである。

以上のように、複数のオーナーに所有される住宅群では、建物だけでなくサパーンもその持ち物とされ、所有者ごとの境界が明確である。一方、テーサバーンが管理するようなコンクリート製のサパーンにはせず木製のままなのは、同じ路地に住まう限られた者同士としての意識が生まれた結果といえるかもしれない。

ところで、全体の配置図から他の住宅群と比較してみると、この集落のサパーンは五〇メートルほどで非常に短い。シーラーチャーの海上集落では、ここだけ住民の生業が漁師ではない。サパーンの長さは、生業との関係があるともいえる。漁師は舟がつけられる水深があるところまでサパーンを伸ばさなくてはならない。最初の居住者が漁師かそうでないかは、サパーンの長さ、つまり海上における住宅群の立地にも影響を与えるのである。

個々で管理される住宅群

〈祖母の家〉

居住者がみずから所有する住宅によって構成されるサパーンをとりあげる。このケースでは、一九九八年から、公共の通路用のサパーンが木製からコンクリート製に変えられている。

〈祖母の家〉は、一九六〇年頃に建設された伝統的な高床式の木造住宅である。親子三代が家族で漁業を営み、二〇〇三年春には、コンクリート造の別棟を増築した。以前、この部分には木製のノーク・チャーンが広がっており、漁のための作業や家事の場として使われていた。当時は、木造の住宅からサパーンまで自由に行き来ができたという。いまでも、住宅とサパーンの間には木板があり、その名残りが見られる。公共のサパーンが木製だったころは、ノーク・チャーンとの間にレベル差や材料の違いが

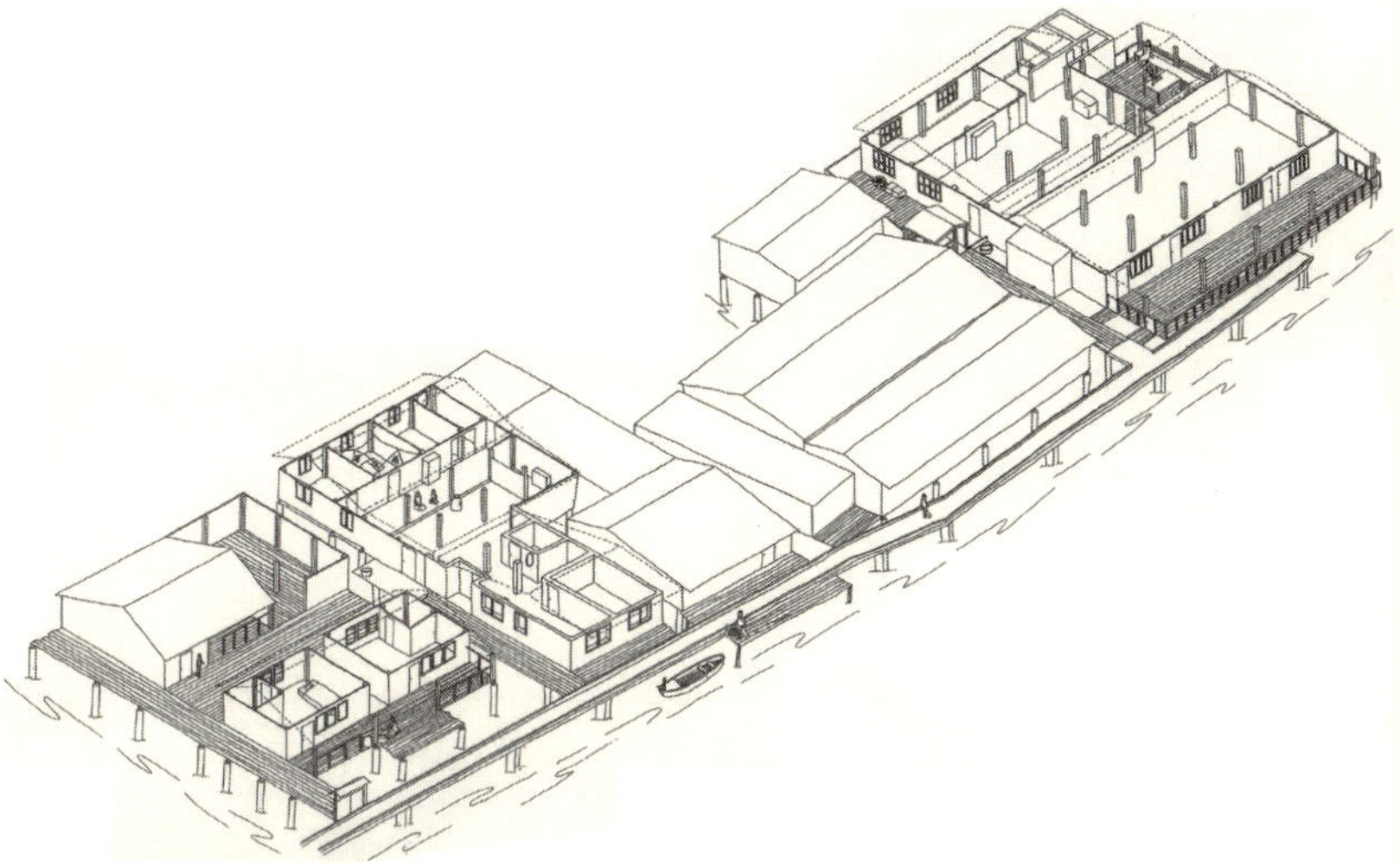

個々で管理される住宅群

なかったので、両者が一体となった空間をつくりあげていた。現在は、住宅へコンクリート製のサパーンか木板をかけ渡し、住宅へアプローチするようになっている。この木板は、個人の住宅にのみつながり、各戸の入り口には作業場が設けられている。住宅の住人のみが使う、プライベートな空間である。

〈グントンケンホテル〉

この建物は、もともと一九五〇年代にホテルとして建設された。一九九〇年頃、それを賃貸住宅として二棟の住宅に改築する。住民の職業は様々で、コンクリート製のサパーン側に一棟、その奥に一棟という配置からなる。両者の間には木製のノーク・チャーンがあり、またコンクリート製のサパーンとの間にも、一九七〇年頃までは木製の広場があって作業場として使用していたが、老朽化のために取り壊し、現在では一部だけが残っている。コンクリート製のサパーンからは各棟へ木板が架け渡されており、その境に門を設置して、私的な空間と公共の空間を明確に区別している。しかし、この木板は各戸へのアプローチでもあるため、棟の住民で共有される半公共空間ともなる。さらに、住宅前の木製のノーク・チャーンにも扉がついていて、各戸に私的な空間が確保されている。住民たちは、自分の家の前に広がるノーク・チャーンを調理や洗濯などの家事の場、またくつろぎの場として、日中の大半をここで過ごす。

〈海側の家〉

この住宅はコンクリート製のサパーン側に一棟と、その背後に一棟の二棟からなる。サパーン側は、賃貸の長屋になっていて、住民の職業は様々である。背後はこの長屋の大家の住宅で、夫が漁で捕った魚を妻が加工し、それを市場へ売りに行き生計を立てている。このサパーンからは、木製のサパーンが引き込まれ、ここの住民たちが共有する半公共空間となっている。長屋へは、各戸の前に広がる木製のノーク・チャーンを通って出入りする。このノーク・チャーンは、〈グントンケンホテル〉と同様、住民の日中の生活の場となる。木製サパーンの突き当りには、ちょっとした屋外空間があり、大家の私的な空間として使われる。舟は、コンクリート製のサパーン側に係留するため、そこも作業場として利用している。大家の住宅には、屋根とつくりつけのベンチがついた半屋外空間がある。海沿いにあるので非常に心地よく、最も海側に住むからこそ得られた特別な空間といえよう。

〈漁師の共同住宅〉

このサパーンの先端には、親族関係のない漁師たちが共同で住む住宅がある。個人の部屋はなく、就寝スペースだけが一人ずつ確保されている。また、屋内には漁具が置かれ、作業場も兼ねている。公共のサパーンのほとんどがコンクリート製となっている中で、この住宅の前には木製のサパーンが残っている。通路という機能を持ちながら、多少の広がりを持たせ、作業場としての役割も果たしている。サパーンを挟み、住宅の反対側は船着き場が位置する。

沖に向かうサパーンの中段には魚加工業を営む住宅があり、隣家とは親族関係にある。住宅へのアプローチはコンクリート製の公共のサパーンのみで、私的な木製のサパーンはない。しかし、二軒の住宅の間には、魚を加工するための屋外空間のチャーンがあり、共有の中庭のような空間として機能している。

このように、住宅が個々で管理されるケースでは、各住宅へは公共のコンクリート製から私的な木製のサパーン、そこからさらに最も私的な木板を引き込んでいることが特徴である。コンクリート製のサパーンは地方自治体が管理しているので、一般の公道のようなものである。一方、漁業を営む住宅は、船着き場や漁のための作業場として、屋外に半公共的あるいは私的な空間が必要となる。

木製のサパーンは各住宅の所有ではあるが、複数の住人で共有される半公共的な空間であることは他と共通している。しかし、あくまでも通路である。それに対して、各戸で所有し使用も限られる私的な空間として、作業場や生活空間となりうる木製の屋外空間やノーク・チャーンがつくられる。漁業を生業としている住宅が多いので、作業場として個人で所有・使用が可能な屋外・半屋外空間が不可欠となるのだ。とくに、それらの空間は、コンクリート製のサパーン側に設けられていることが特徴であろう。「親族で集まる住宅群」とは異なり、全体の空間を共同で使用するという環境にないため、舟の係留に便利な海側を共有することは難しい。そこで、舟を横づけできるのは、コンクリート製のサパーンを挟んで住宅の向かい側だけで、そこからアプローチしやすい位置に作業場となる空間をつくっているのである。また、作業場は家族が集まる空間にはなっていない。各住戸内に一家族が住んでいるので、そのための空間は住宅内に設ければよいのであって、あくまでも屋外・半屋外空間は作業場としてのみ使用される。この点が「親族で集まる住宅群」と大きく異なる。

海上集落の空間構造

各住宅群の特色ごとに、サパーンやノーク・チャーンの使用、所有者、位置、生業、空間に着目しながら見てきた。

まず、コンクリートと木材というサパーンの材料に注目することで、私的・公的の二つの空間に区別できることを見出した。コンクリート製のサパーンは、自治体のテーサバーンの管理による公共通路であるが、木製のものは用途が多様で、個人の所有であることが明らかになった。「個々で管理される住宅群」では、住宅と公共のコンクリート製のサパーンの間にノーク・チャーンがつくられている。かつては、同じ高さと材料であったから、その境界は曖昧だったはずだ。公的と私的で異なるが、空間としては一体感があっただろう。現在では、コンクリート製のサパーンと個々の住宅へ引き込まれる木製のサパーンの境界は、厳密に隔てられている。だが、以前は「親族で集まる住宅群」のように、公的から私的な空間へと緩やかに移り行く変化があったと想像される。

次に、用途に目を向けると、海へ向かうメインのサパーンの所有によってそれぞれ異なることを解き明かした。まず、「親族で集まる住宅群」では、広い屋外や半屋外空間は、共同で使用される作業場であり、親族が集う家族室のような機能を果たしていた。また、作業以外の日常の生活が営まれる場でもあるので、心地よさを求めるために屋根がつき、半屋外空間となることが多い。さらに、本来は通路としてのサパーンであっても、使用者が多く人が集まる場合は作業場となり、通路と作業という二つの機能を同時にあわせ持つことが明らかになった。「オーナーに所有される住宅群」では、住民に親族関係はないが、住宅や屋外・半屋外空間がオーナーによって一体開発されるため、そこにある木製のサパーンは住民同士が共有する空間となっている。一方、各住宅が独立して持つ木製のサパーンは、その住民だけが使う私的な空間となる。

シーラーチャーの海上集落全体から見ると、木製の部分は内陸側よりも海側に集中していることがわかる。潮汐作用によって、干潮時には干上がるが、満潮時には集落の半分以上が海上に位置することになる。したがって、漁師の場合、内陸側に住むと不便であるから、海側に住むケースが多い。そして、漁師は作業場や船着き場となる木製の屋外空間が必要となる。総じて、サパーンは陸から離れるほど私的な空間、つまり木製のものが多くなる理由でもあろう。

私的に所有されるサパーンだけでなくチャーンもまた沖に近いほうにつくられていることに注目したい。所有者による分類に関わらず、それぞれに共通しているのは、私的な屋外空間が海に開いていることだ。親族で集まり住む場所では、船着き場や作業場が海にせり出している。また、各住宅には沖の側に大小さまざまな屋外空間がある。独立した住宅群にあっても、一見すると公共のコンクリート製のサパーンに向かって各戸のノーク・チャーンが設けられているようではあるが、住宅はサパーンの片側にしか建設されないので、チャーンは海に開くことが可能となる。しかも、サパーンの最も先端に位置していれば、沖のほうの半屋外空間を居間にしながら、海に開く快適な生活を送ることができるのである。一九八〇年代まで、現在のコンクリート製のサパーンは木製であった。もちろん、当時も公共で使用されるものや私的に所有されるものは、それぞれ区別することができただろう。しかし、現在のような、材料の見た目だけですぐに認識できるほどの区別ではない。かつては、いま以上に公私が曖昧で、半公共的な空間が広がっていたはずである。それでも、各住宅ではいまなお木製の屋外・半屋外空間が維持されており、生活には不可欠な空間となって、公から私へ徐々につながる柔らかな空間が築き上げられている。

海上の住まい

サパーンやノーク・チャーンといった屋外・半屋外空間を対象に、まずは集落全体の構造を考察してきた。次に、海上の個々の住宅について、空間の機能や人びとの生活を具体的に見ていきたい。最初に、「親族で集まる住宅群」の〈水際の大家族〉である。この住宅群は五世帯の家族から構成されている。最も南側に位置する住宅は、沖の側から屋外の作業場、半屋外の屋根のついた居間兼作業場、屋内の居間と三つの寝室からなる。寝室だけが壁に四方を囲まれている。このように、快適な沖のほうに家族の誰もが利用できる空間を置き、陸に向かってプライベートな空間が展開する構成をとる。もともと、寝室部分が最初につくられ、徐々に沖に向かって増築されている。

この住宅の向かいには、家族が増えたことで建築された住宅が四棟ある。共有できる空間は、中央の船着き場兼作業場のみである。ここから各住宅にサパーンが伸びている。いずれの住宅も、海に面する位置に家族の誰もが利用できるノーク・チャーンを所有している。漁師ならではの作業の利便性や海辺の心地よさを求めて、海に少しでも開こうとする意思を読み取ることができる。

親族一同が集う場合は、南側の住宅の半屋外空間を利用するという。それでいて、各住宅の内部を通ることなしに、個々を結ぶように木製サパーンが設けられており、親族といえども各世帯のプライバシーを重視した機能的な住宅群がつくりだされている。

〈フィッシャーマンズ・ビレッジ〉もまた、家族が増えるたびに住宅が増築・新築され、本家↓父の

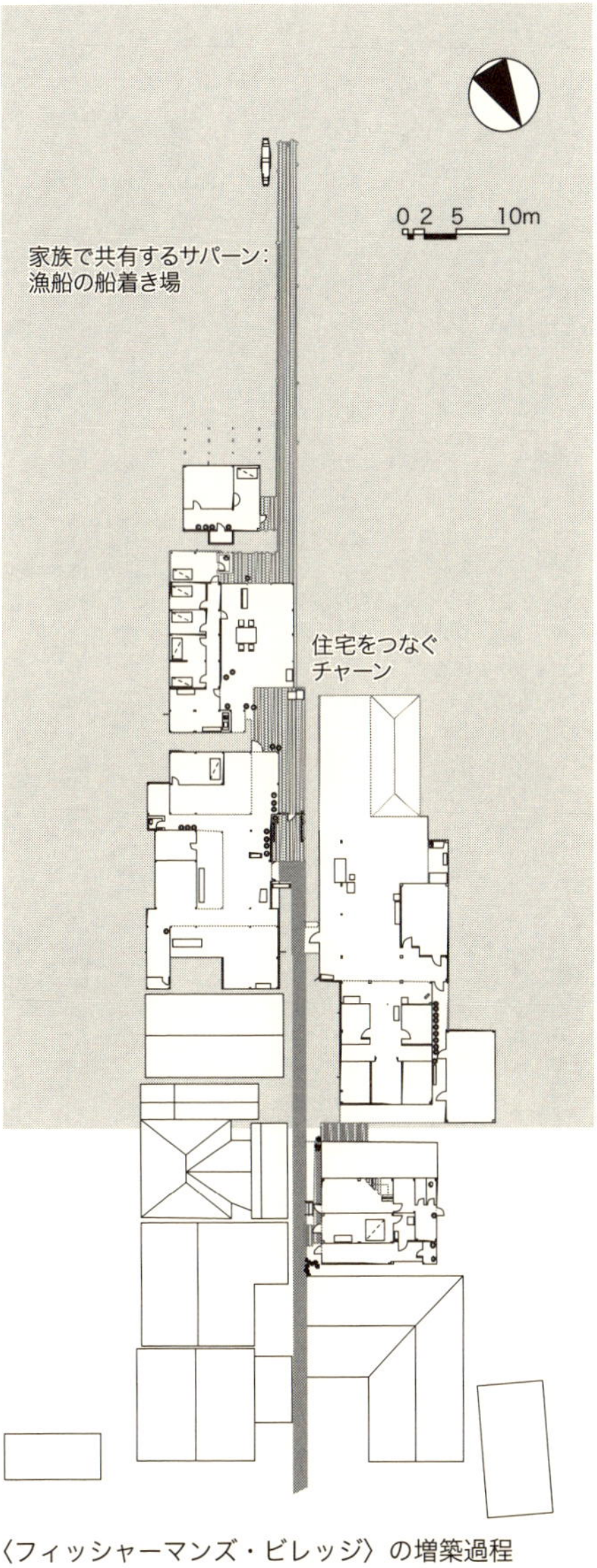

〈フィッシャーマンズ・ビレッジ〉の増築過程

家↓息子の家の順につくられた。本家は、海側から屋根のない屋外のノーク・チャーン、作業場、次にいすとテーブルが置かれた半屋外空間、居間へと続く。さらに陸側に進むと一段レベルが上がり、その奥の四方が壁に囲まれた四つの寝室につながる。ここでも、海に開き、奥に進むにつれて私的で閉鎖的な空間が展開するのである。

それは、父の家の増築の順序にも現れている。増築前は、海側の居間と陸側の一段上がった寝室から構成されていた。当時は、居間の前面に海が広がっていたのである。次の増築では、入り口のあるサパーンの反対側に、一段高くなった寝室がつくられる。そして、その後、現状のように海のほうにも寝室が増築され、全体でコの字型のプランとなった。

最後に建築された息子の家は、海側に半屋外空間を持ち、海に開くとともにサパーンも重視している。漁のために沖に伸びるサパーンと、親族が共同で使用できるノーク・チャーン、そして住宅を一体化しようとしている。親族の住宅が集まって構成されているので、船着き場や作業場は共同で一つあればよい。しかしながら、集合して住むために、各住宅が海に向かって開くことはできない。そこで、共同の作業場や船着き場、居間をいかに配置すれば合理的かを求めた結果だろう。

一方で〈木造レンタル・ビレッジ〉では、海側にある住宅だけが漁業に関わり、作業場となるチャーンが設けられる。そのほかの住民は漁業を職業としていないので、こうした作業場を住宅付近に必要としない。また、それぞれ別のオーナーによって所有される賃貸住宅であるためか、海に開く構成をとっていない。

さて、「個々で管理される住宅群」の〈祖母の家〉では、コンクリート製のサパーンに沿って、住宅

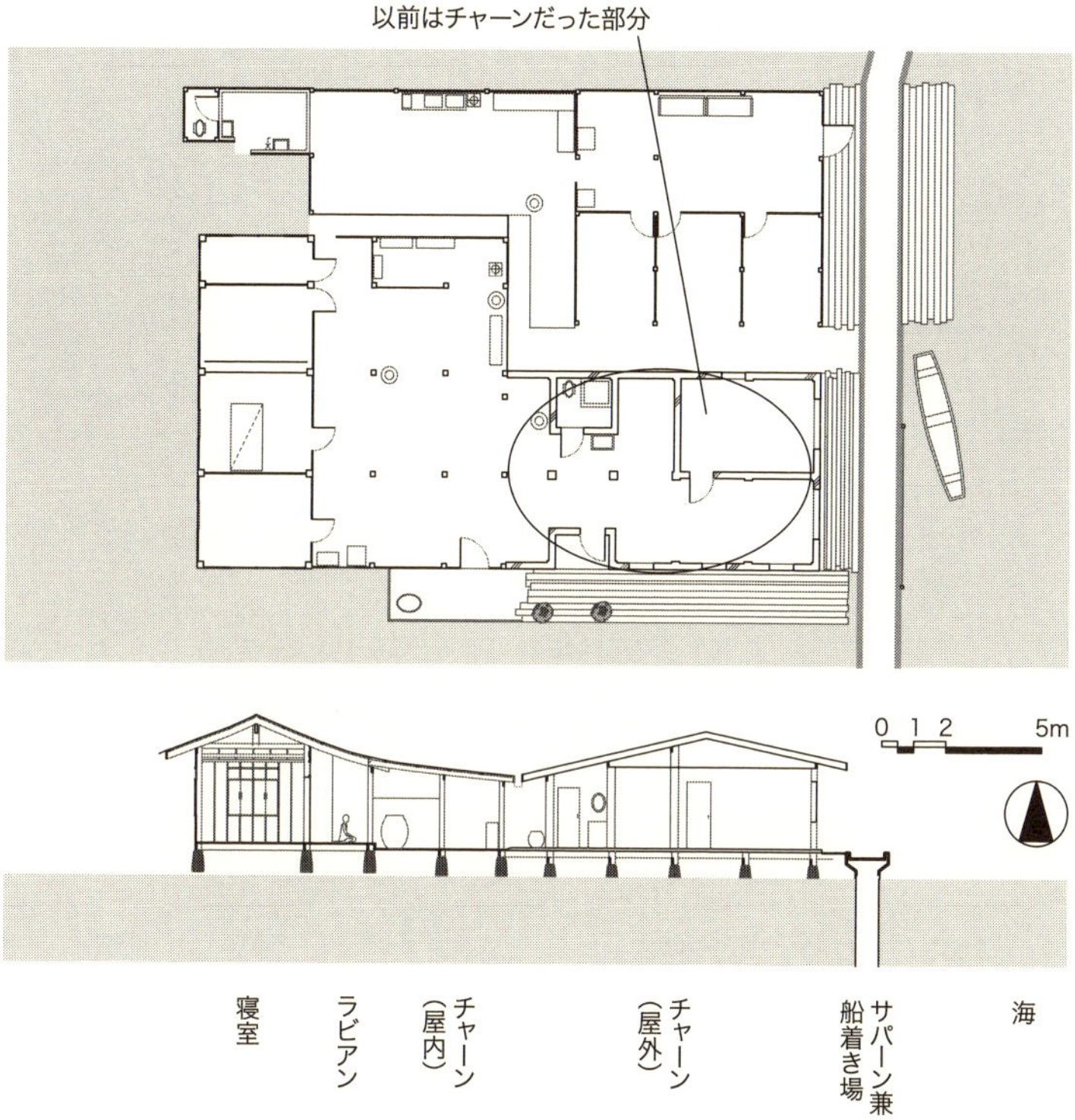

〈祖母の家〉

空間の半分が木製のノーク・チャーンであった。海からサパーン兼船着き場、チャーン、ラビアン、寝室とつながり、タイの伝統的な構成を見せている。この住宅もまた、沖側から住宅の内部へとプライベートな空間が展開する。チャーンでさまざまな作業を行う点、ラビアンで家族が集まり日常の生活空間となっている点、奥に向かうほど私的な空間が展開する点は、いずれも中部タイなどに見られる高床式住宅と共通していて、海上であっても陸上のものとなんら変わらない。

〈海側の家〉は、サパーン

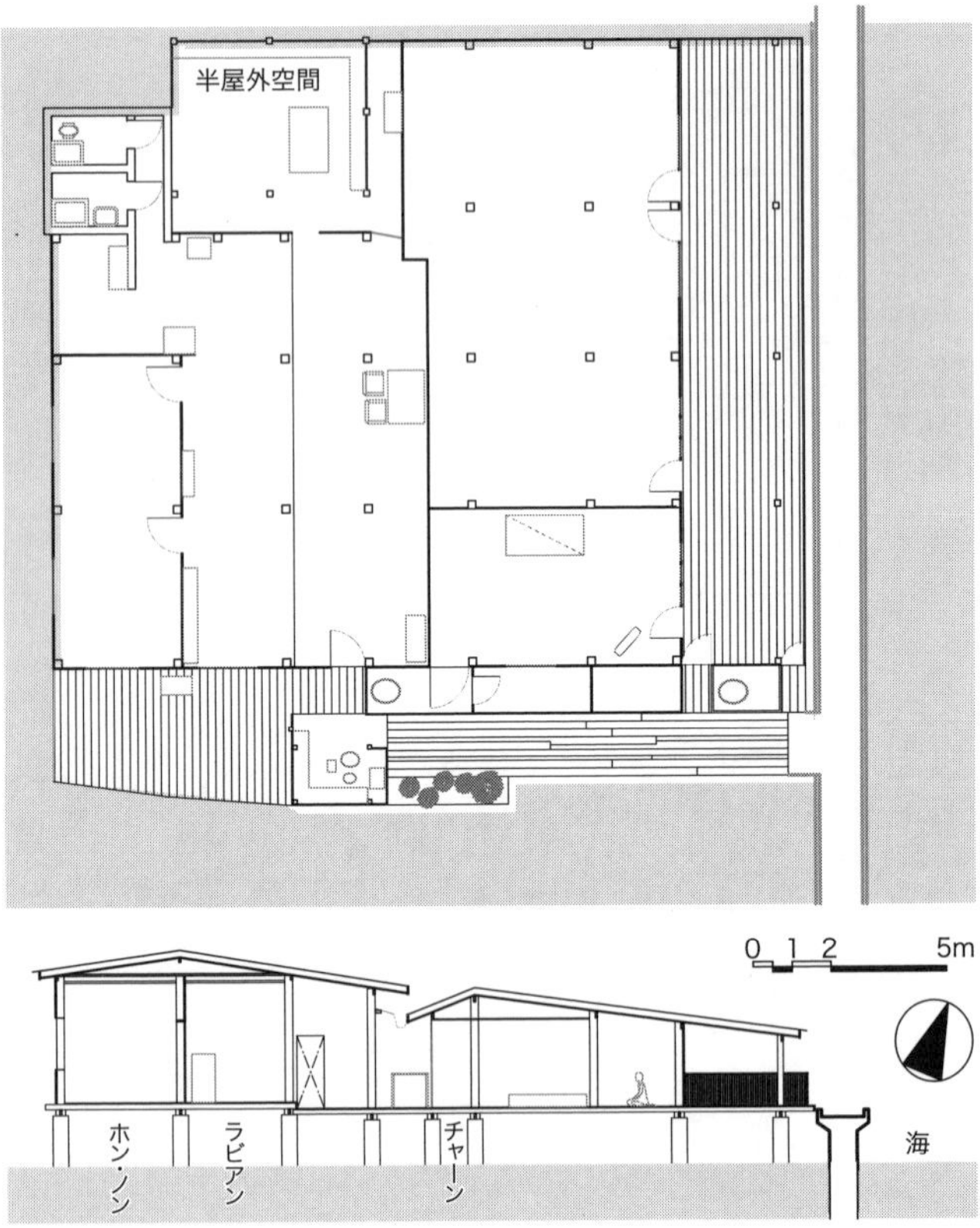

〈海側の家〉

側の賃貸長屋と、その背後の大家の住宅から構成される。大家の住宅は、サパーンの方向にチャーンがあり、そこから一段高い寝室へとつながっていて、奥に行くほど私的な空間が展開する伝統的な動線を持つ。長屋が後から建築されたものであると仮定すると、〈祖母の家〉ときわめて類似したプランを持つ。

〈グントンケンホテル〉は三棟で構成されているが、中央にある中庭に似たチャーンと木製サパーンによって互いにつなが

床の段差（祖母の家）

〈グントンケンホテル〉

っている。もともとホテルとして建設されたので、住民同士の関わりは薄く、チャーンもまた一住戸の屋外空間として使用されているにすぎない。ほかの住宅は屋根のある半屋外空間を持ち、日中の生活の場としている。ここでも、海↓チャーン↓住宅（一室）という構成をとり、とくに海側に半屋外の心地よい空間をつくり出している点は興味深い。

以上のように、シーラーチャーでは、サパーンやノーク・チャーンを巧みに用いながら、海上に魅力的な集落を形成している。それらは、ただ単に住宅同士や陸とのつながりのためだけに設けられたものではない。サパーンやノーク・チャーンの特性を活かしつつ、公から私に移行すべき空間のヒエラルキーをうまく利用している。こうした集落全体の構造と同様に、住宅の空間構成においても、サパーンやノーク・チャーンが屋内外の空間を結びつけながら、典型的なタイ住宅の伝統を継承しているのである。そして、シーラーチャーでは、陸側にプライベートな空間を置き、沖のほうに家族が集まる居間をつくり、こうして海に開く構成をとることで快適に暮らす工夫が多くの住宅で見られたことを考察してきた。

2 アンパワー——ターペーが連続するマーケットタウン

アンパワーは、バンコクの西南約七〇キロに位置する。古くはアユタヤ期（一三五一〜一七六七年）から存在し、ラーマ二世誕生の地として、バーンチャーンという別名でもよく知られている。アンパワーを含むサムットソンクラーム県には、タイ族のほかに、一七世紀にビルマから移住してきたモン人と一九世紀後半に中国広東から移動してきた華僑が多い。メークローン川の下流に位置し、大小様々な水路が縦横に巡り地域を組み立てている。同時に、その水は生活用水や農業用水、漁場としても利用され、この地域の生活は川や水路を抜きにしては考えられない。

アンパワー周辺だけでも一四〇以上の水路が開削されていて、人びとは小舟を操り、村の中や村から村へと、複雑に入り組んだ水路を往来する。子供たちは舟に乗って登校し、町では品物を積んで移動しながら商売をする人もいて、早朝には水上マーケットが開かれる。二〇〇二年、水辺の建築や生活スタイルの特徴を今日まで残すものとして、サイアム建築家協会から建築賞ならびに保護の指定を受けた。

マーケットタウンの空間構造

アンパワーは、メークローン川から引き込まれた水路沿いのマーケットタウンとして発展した。アンパワーから舟で一時間ほどの上流に、ラチャブリーという町がある。ここは卵の生産で有名だ。そのラチャブリーの商人は、大きな市場が開かれるメークローンという名前の町で商品を売り買いする。一方、メークローンの商人は舟で三〇分ほどに位置するアンパワーで売買を行う。このように、三つの町が水路網を利用した商品経済によって強く結ばれている。かつては、バンコクからアンパワーまでココナッツ砂糖やマングローブ炭などを買いつけに来る商人もいたという。このように、物資の集散地として水上マーケットが開かれるアンパワーは、チャオプラヤー川下流部のマーケットタウンとして発達したのである。

アンパワーの商店街は、メークローン川とアンパワー水路が合流する舟運に恵まれた場所に形成されている。東西に大きく弧を描きながら流れる水路の両岸に、一キロにわたって店舗や住宅が建ち並ぶ。水路の突き当たりにはワット・パヤヤートという名のタイ寺院が象徴的に建ち、商店街はそこに至る参道としての役割も果たしている。

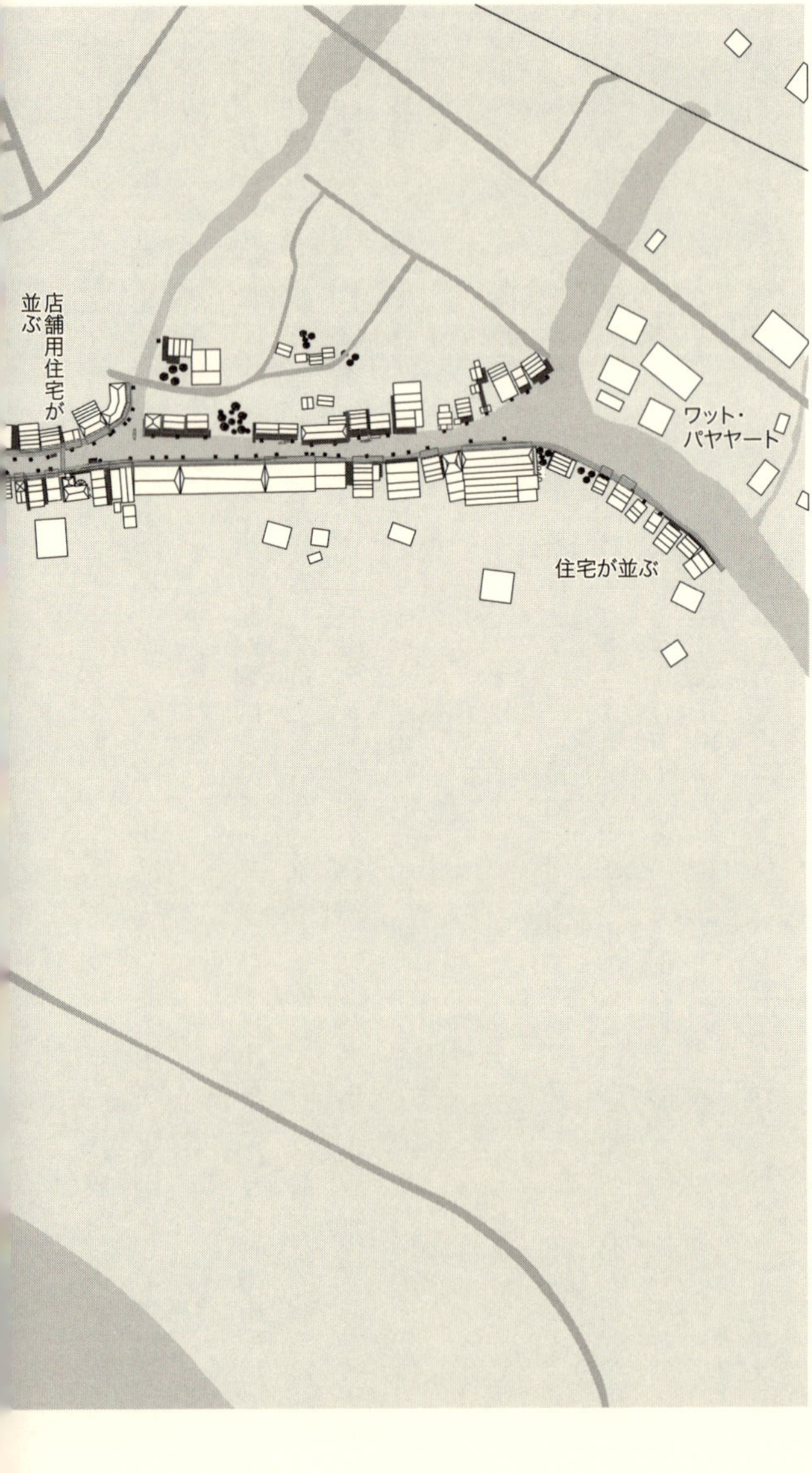

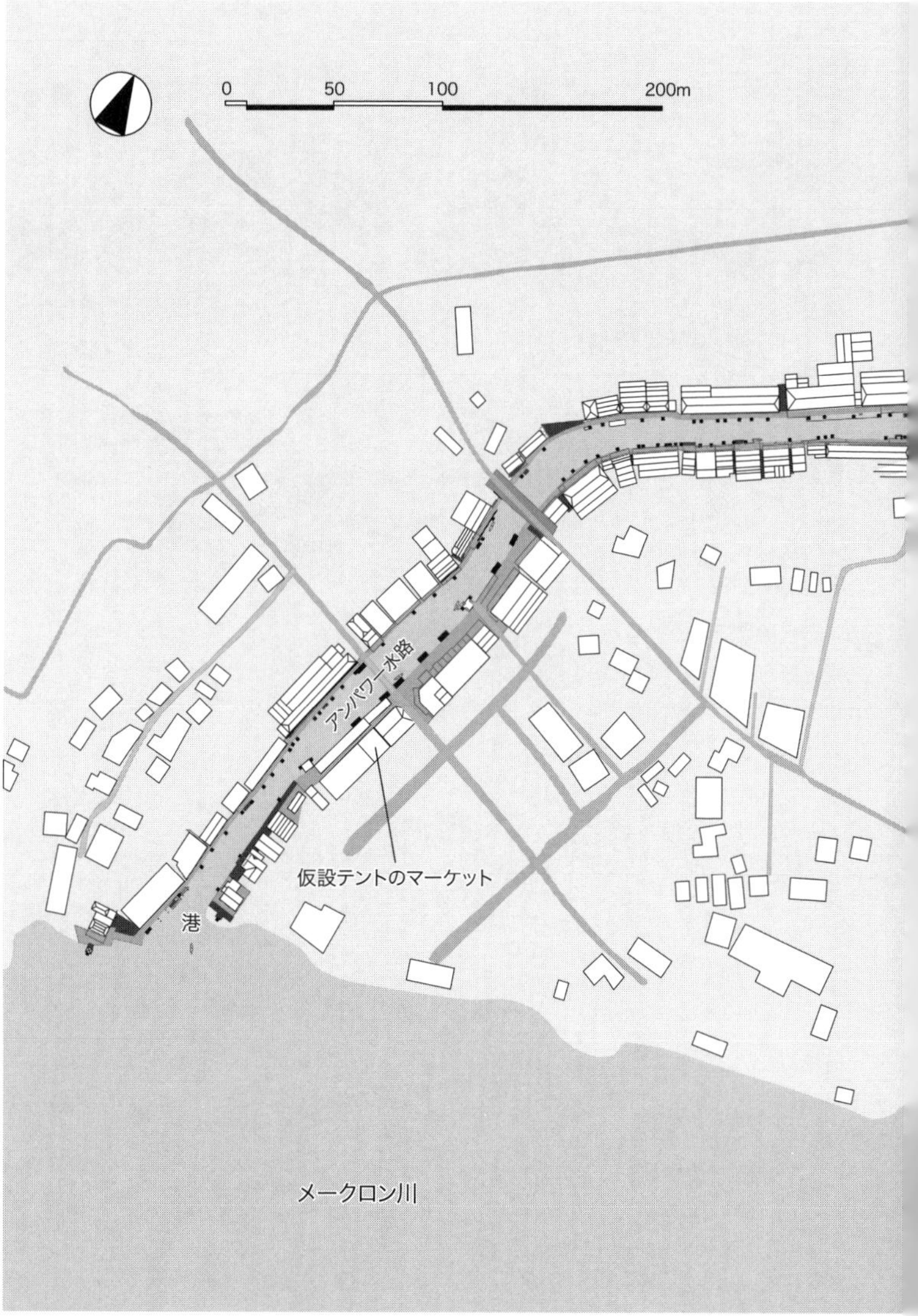
0
50
100
200m
アンパワー水路
仮設テントのマーケット
港
メークロン川

アンパワー

川の合流点近くの市場

水路に面して立地する各店舗は、前面の水上に通路を設けている。水路と通路が平行につけられ、それに店舗が面しているのである。この通路は、バンコク・トンブリーで見た商店街の店舗前面に設けられる「ターペー」とまったく同じ形態・機能を持つ。ただし、アンパワーのそれは、一九八五年から自治体のテーサバーンによってコンクリート製につくり変えられ、公共的に管理されている。そして、この町は一日の干潮と満潮の差が二メートル余りもある。

では、一日のうちに大きな水位変化がある環境にあって、豊かな舟運と水辺のターペーの両方を活用しながら、物資が集積するマーケットタウンとして発達したアンパワーの空間構造を見ていきたい。

商店街の形成

商店街は、メークローン川とアンパワー水路と

水辺に連続する商店街のターペー

の合流点から寺院に行くにしたがって、徐々に住宅地へと姿を変える。まず、川の合流点では仮設テントや建物から伸びた庇の下で生鮮食品が売られ、市場としての賑わいを見せる一帯である。ここでは、専用の店舗と住宅が独立して建てられ、なかにはコンクリート造の近代的な建築も見られる。これは、一九五三年に起きた大火災が原因であり、以前は、木造建築の中に店と住まいが一体となった店舗併用住宅が並んでいたという。また、アンパワーの土地を多く所有する地主は、舟運に便利なこの場所に住まいを構えた。邸宅の一部はいまでも残り、メークローン川にその象徴的なファサードを向けている。

そこから寺院に向かって進むと商店街になっていて、川に沿って店舗併用住宅が並ぶ。扱う商品は日用雑貨や食料品、住宅内の工場でつくった菓子などである。さらに寺院側へ進むと、店舗は減り住居専用の建物が増える。商業性の高い川の合流

水陸両生の店舗併用住宅の事例　水位の変化に適応させるため，水路側の高床式，陸側の地床式から全体が構成される．

点は舟運に都合がよく、地元の有力者が居を構えると同時に、商店街の核である港として発達させ、そこから奥に向かって商店街を形成し、最も奥の静寂な場所に専用の住宅街が形成されているのである。

さて、商店街の店舗併用住宅には棟割長屋が多い。規模が大きなものでは、間口の柱間が一〇間以上の長屋もある。これらは主に賃貸住宅で、長屋の所有者はその裏に住むことが多い。以前、長屋のオーナーは水際の建物で商売をしており、その後そこに長屋を建て人に貸し収入源とした。土地が手狭な場所に多くの店を開き、各戸の隙間を空けないようにするには、こうした棟割長屋の開発が最も合理的な方法であった。

一方、商店街には、少数ではあるが戸建の店舗併用住宅もある。居住者自らが所有するもの、あるいは親族で共有するものが多い。これらの建築的な特徴として、タイの伝統的な屋根を持ち、もともとは浮家だったものに柱をつけて固定したケースが少なくない。浮家は、筏に住宅を載せたもので、かつてメークローン川には多くあり、それらを現在の商店街の位置に移動させ固定化するケースもあった。聞き取り調査では、とくに一九五〇年頃に移動したものが多い。政府の政策により浮家が禁じられ、それらを再利用したのであろう。

そして、寺院側には店舗はなく、比較的新しい戸建の専用住宅が建ち並ぶ。他とは異なり、住宅同士の間隔はしっかりと保たれ、タイの住宅地らしい風景が続く。

水陸両生の建物

アンパワーの店舗は、庇下も商いの空間として使うほど、高密な商店街が形成されている。また、商店街の建物は、所有者や棟が分かれる部分に幅一メートルほどの路地を設け、奥にアプローチできるようになっている。こうして、増改築の際には内陸へと棟が延びていく。店舗併用住宅は、主に川から内陸に向かって二棟から三棟が連続する構成でつくられる。まず、川側の棟は一層の店舗である。次の二棟目には居住空間を設け、二層になることもあるが、その場合は後の増築である。さらに、三棟目の部分には、近年に増築された台所などのサービス空間や庭、あるいは商品をつくる工場が置かれる。

これらの店舗併用住宅は、内陸に進むにつれ、ゆるやかな傾斜を持つ土地に建つ。各建物には、その

午前中の風景　階段の中ほどまで水位があり，船も航行しやすい．

高低差を考慮した形式が用いられている。川沿いの棟を増水に対応できるよう床高を高くする一方で、三棟目はほぼ地面にそのまま建てられる。つまり、水位の変化に応じて床高が調整されているのである。このアンパワーでは、まさに水陸両方の特性を備えた両生的な建物が見られるのである。

そして、川と店舗の間には、幅二メートルの通路、つまりターペーがつくられていることもアンパワーの特徴だ。以前はすべて木製で、各住宅の間口の地先分をそれぞれが敷設し管理していた。舟でやってきた商人や客が、店主と商品の売買や荷の上げ下げをする店の一部として利用されていた。現在は、一九八五年に自治体のテーサバーンによってコンクリート製につくり替えられている。それでも、店の地先部分には、いまでもその家の植栽やベンチが置かれている。テーサバーンの管理のもと公共空間となっても、以前と同様に利用されているのである。不法的な占拠ではあるが、

午後３時頃の風景　川底が見えるくらいに水位が下がり，これでは小舟しか航行できない．

夜中の満潮時　ターペーが浸るほど水位が上がる．

代わりに清掃など住民みずからも責任を負う。もちろん、いまも昔も人の通行は可能で、水上につくられた商業地特有のいわばサパーンの一種と見なしてもいいだろう。

住宅とコンクリート製のターペーとの間には、幅五〇センチほどの木製の部分がいまでも残っている。木板でつくられるこの種の人工地盤は、板の長手方向を通路と平行に渡すことが多い。しかし、この商店街では通路と垂直に渡している。住宅から水路に向かって渡すことで、各住宅の地先の空間を強く認識した名残りであろう。

この地域は、潮汐作用のために朝と夜で川の水位が二・五メートルも上下する。最も低い時は、川底が見えるほど水面が下がる。一方、満潮時には店舗前のターペーが水に浸るほど水面は上がる。住民は川の水を舟運や生活用水に使用している。そのため、舟の乗降や大きな水位変化に対応するためにターペーから水路に向かっていくつもの長いはしご状の階段が設けられている。川に沿って延々と階段が並ぶその光景は実に圧巻だ。階段は、戸建てや長屋に関わらず、各住戸が所有し、それぞれの間口ごとに置かれている。柱間の間口を二間以上有する場合は、その中央に設置される。つまり、階段を見れば、おおよその敷地割や住民の居住状況が把握できるのである。

ビルディングタイプとその変容

アンパワーの店舗併用住宅は、いずれも平屋か二層である。現在、建物の屋根のほとんどはトタンで覆われているが、四〇年ほど前まではニッパヤシで葺かれたものもあったという。

店舗併用住宅は、戸建タイプと棟割長屋タイプに分類できる。また、屋根の形式には、タイの伝統的な住宅に見られる急勾配のバーン・ソン・タイ、切妻、寄棟の三つがある。この二つのビルディングタイプと屋根の形式との関係について、間取りや実測調査のデータをもとに分析すると、店舗併用住宅の変遷が見えてくる。

まず、アンパワーで最も古いタイプは、バーン・ソン・タイの屋根を持つ戸建の店舗併用住宅である。

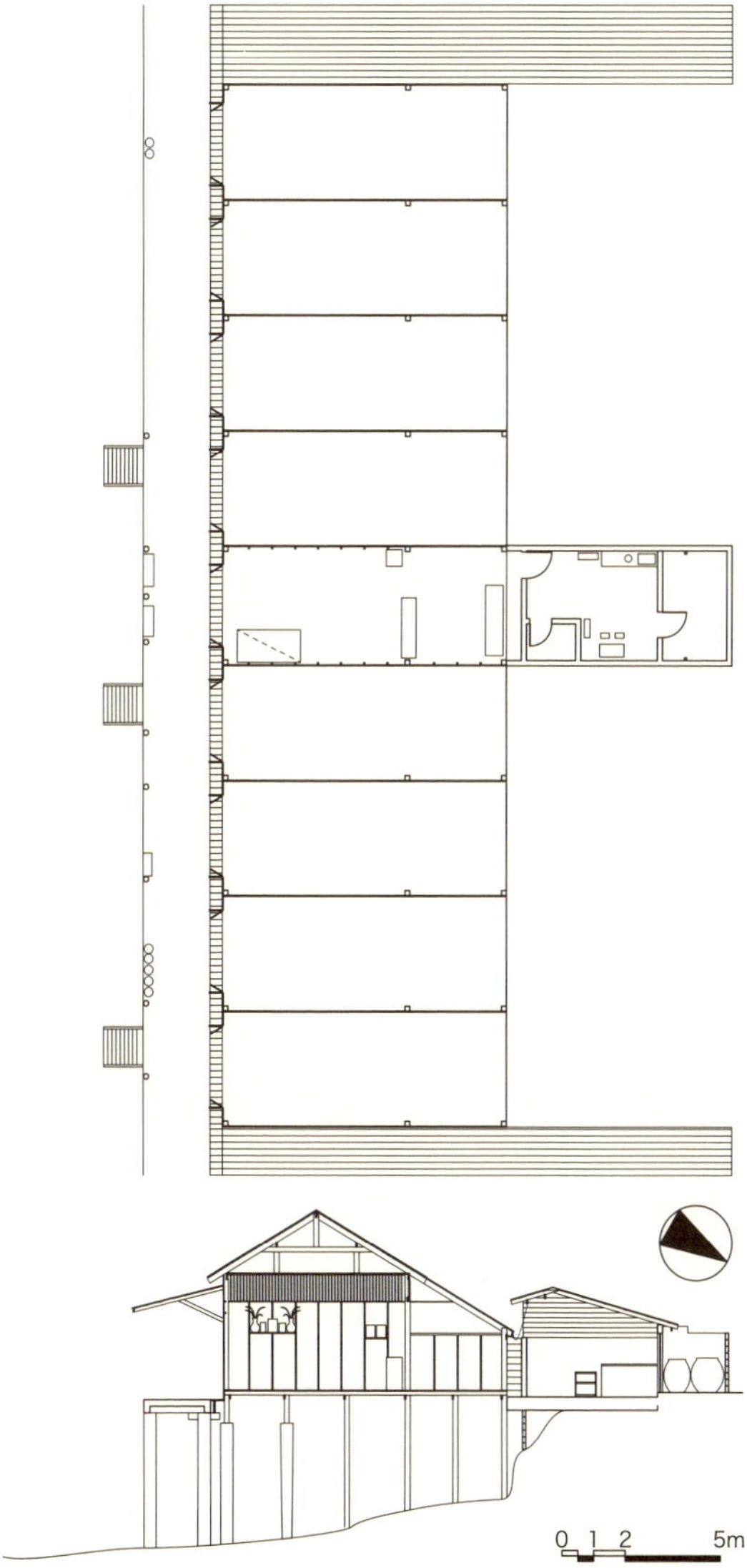

寄棟屋根の長屋タイプの事例

アンパワーの一九世紀の風景は、このタイプが軒を連ねていたはずだ。その中には浮家も多く、一九五〇年代になってようやく陸揚げされるようになる。その後、戸建タイプには切妻や寄棟の屋根のものが出てくる。

切妻の屋根の普及に影響を与えたのが、一九一〇年代の長屋タイプの出現だ。ちょうど七〇キロ先のバンコクで、同じ棟割長屋のショップハウスが普及する時期と一致している。ただし、アンパワーの棟割長屋は、ショップハウスのような洋風のものではなく、華人系による木造のものであった。この種のタイプは、バンコク・トンブリーの華人系エリアでよく見られる。

一九五三年の大火による再建では、寄棟の屋根を架けた長屋タイプが多くつくられるようになる。現在、アンパワーで最も多いタイプである。寄棟の屋根は一部の戸建住宅にも見られる。

こうして見てくると、一九一〇年代と一九五〇年代に、アンパワーの風景が大きく変化したことがわかる。さらに、増築や改築も考慮しながら、川から陸に向かって連続する棟の屋根形式を聞き取りの結果も含めてより詳細に分析すると、アンパワーの店舗併用住宅は次の五つのタイプに分類できる。

まず最初に、戸建には三つのタイプがある。二棟が連続する場合、一、二棟ともバーン・ソン・タイあるいは両方とも切妻、また三棟の場合には、一棟めが寄棟で、二、三棟めがいずれもバーン・ソン・タイあるいは切妻でつくられるタイプがある。三棟のケースでは、ターペーのある川沿いに新しく棟を増築できないので、一九五〇年代に、川沿いの一棟だけが当時流行していた寄棟に架け替えられたと考えるべきであろう。

次に、長屋タイプには、切妻が二棟連続するものと、一棟めが寄棟で二棟めが切妻の二つのタイプが

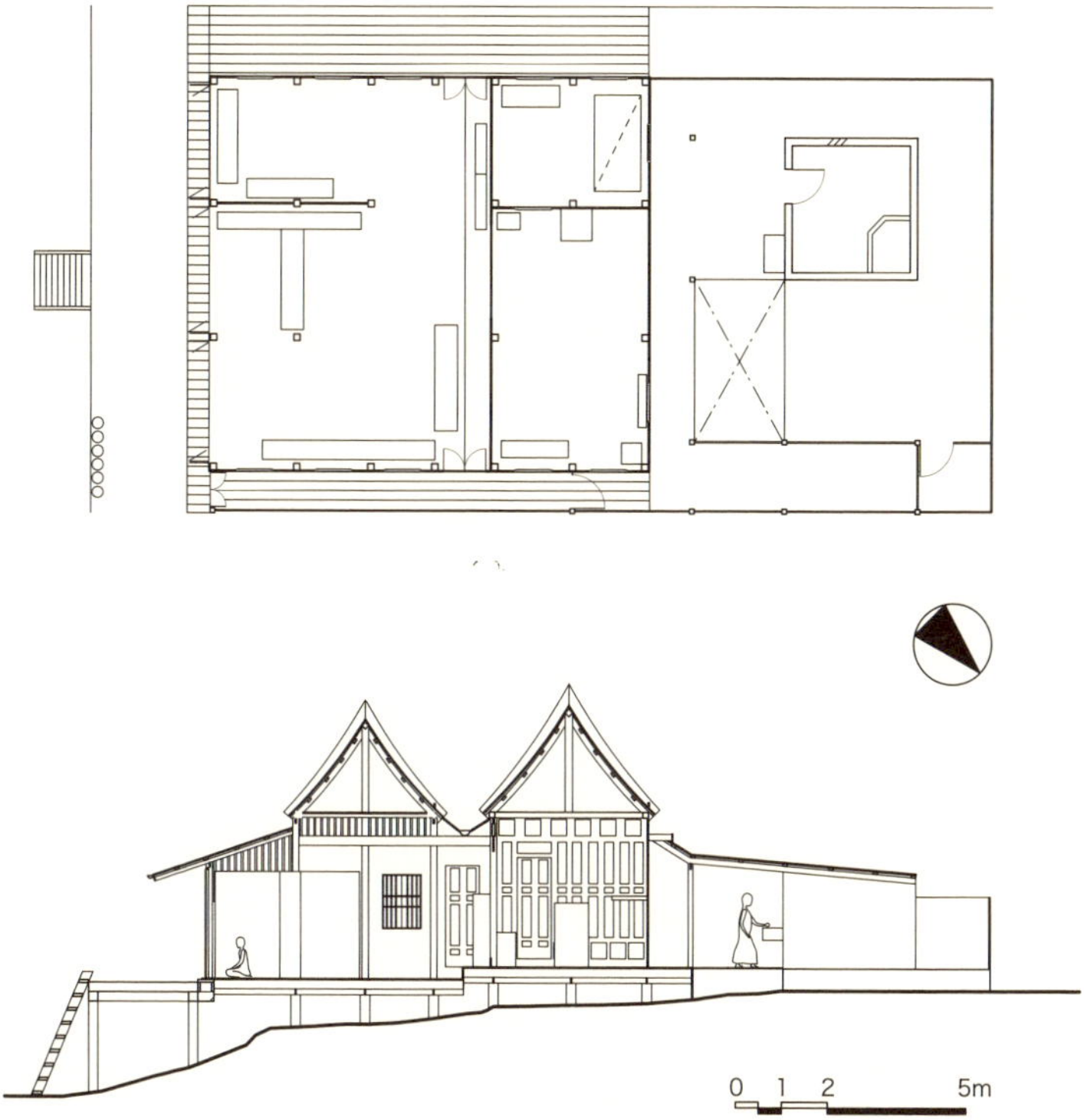

1・2棟ともにバーン・ソン・タイの戸建タイプの事例

ある。一九一〇年代に普及した切妻の長屋タイプもまた、一九五〇年代になって、一棟めだけを寄棟に架け替えたと判断できる。

　ここで興味深いのは、長屋か戸建かに関係なく、寄棟形式を持つ建物の多くが賃貸であるという点だ。通常、長屋には家主がいて、それを賃貸とするのは理解しやすいが、ここでは裏、あるいはマーケット近くの戸建住宅にむオーナーが住み、長屋を賃貸経営するのである。例外として、オーナーが長屋の一部に住むことがあり、その場合には長

品物を運ぶ小舟とアンパワーの町並み

船上の人と直接やり取りをする地元の商人

屋全体に親族が住んでいて、機能としては戸建に近くなる。一方、戸建は個人所有が多いものの、やはり寄棟の場合に賃貸のケースが見られた。寄棟という屋根の形式が不動産価値を上げた結果なのかもしれない。

アンパワーは、地形や自然環境に応じて、敷地の前後で各棟の建築タイプを変え、同時に前面に各戸が階段を設けることで、著しい水位変化に対応した町づくりが成し遂げられた。こうして、町の営みを安定させると同時に、縦横に巡る水路を最大限に利用しながら、華やかなマーケットタウンとして発展したのである。階段は川と住宅を結ぶ重要な装置であり、住宅前のターペーを半屋外空間として使用する点は、タイのほかの伝統的な住宅の空間構成とも類似している。

アンパワーの約一キロにも及ぶ長い商店街は、特異な自然環境にさからわず、むしろそれといかに共生するかを追求することによって生まれた、水と共生するタイならではの町といえるだろう。

3 アユタヤ——水辺に生きる古都

アユタヤ王朝は一四世紀半ばに幕を開けた。その誕生の一七年後、一三六八年に中国では明朝が誕生し、交易を求めた東南アジア諸国は、競って中国へ向けて朝貢船を派遣する。なかでもアユタヤは、調達可能な商品の豊富さから、港としての優位性を発揮し港市として栄える。後に、山田長政の名で知られた日本人町も形成されたように、様々な国の人びとがアユタヤに出入りするようになった。とくに、

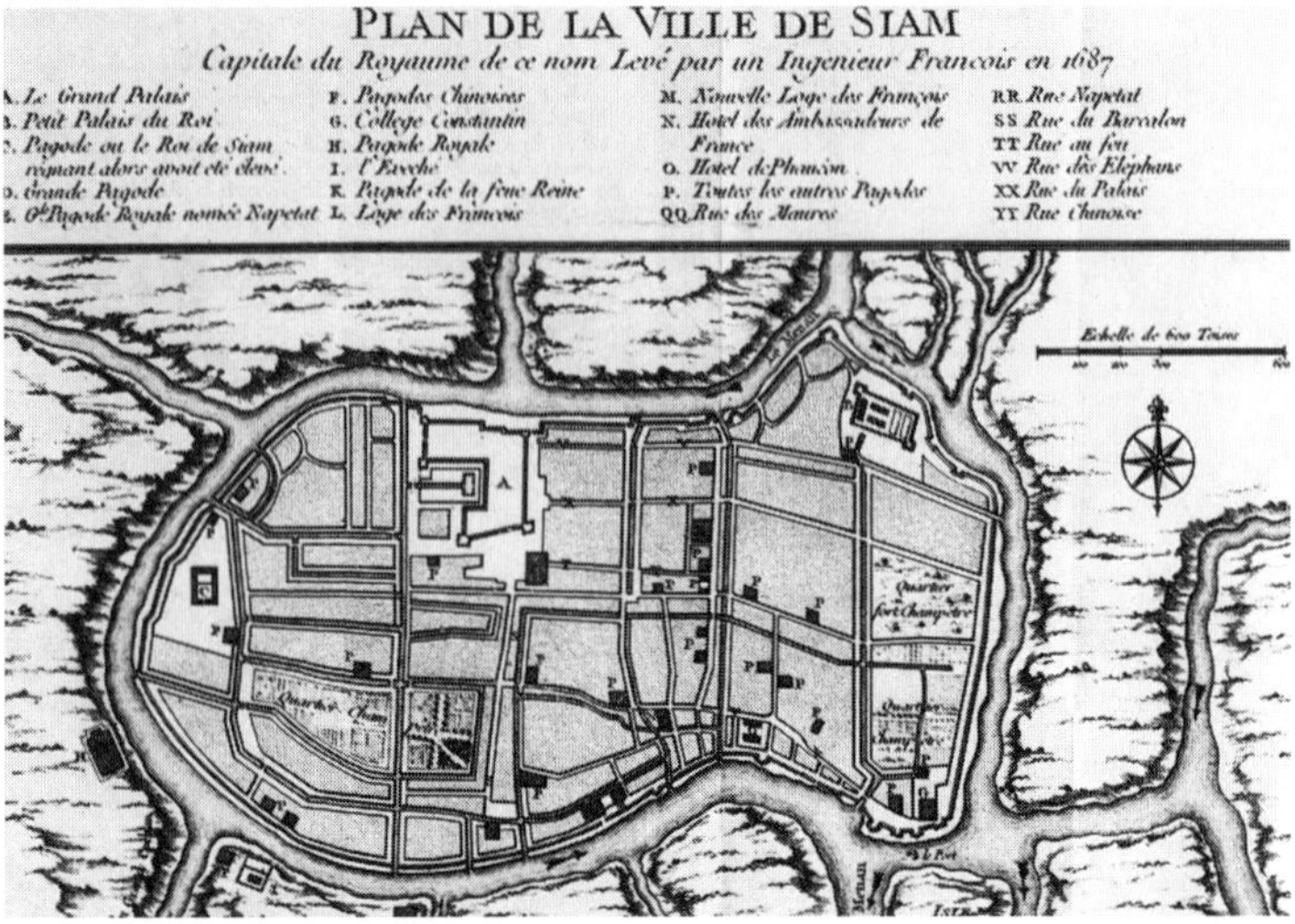

アユタヤ 1687 年（Luca Invernizzi Tettoni, Alberto Cassio and William Warren, “Thailand-a view from above”, Times Editions, 1995）

アユタヤ鳥瞰図 1630 年代（オランダ国立美術館蔵．前出 “Portrait of Bangkok”）

一六五六年に即位したナラーイ王の時代には、アユタヤの国際化は最盛期を迎え、中国、ペルシャ、フランスなど四三もの国々と交流があった。こうして、アユタヤは海外貿易の拠点として、また多民族都市として成長を遂げる。しかし、一七六七年のビルマ軍の侵略を受け、四〇〇年にわたるその栄華の幕は閉じられた。

水と共生する住まい

発展の要因には、港市として栄えることを可能にする恵まれた舟運があった。アユタヤは、チャオプラヤー川、ロッブリー川、パーサック川が円環状につながり、今日でもその姿は失われていない。しかし、それらは自然にできたものではない。自然の水路は、土砂の堆積や浚渫の放棄によって埋まるため、新しい水路を計画的に開削したのである。

アユタヤが開かれた当初は、この土地はロッブリー川の湾曲部に三方向が囲まれていた。湾曲のくびれ部分を切り取るように、延長三・五キロの水路が開削され、その結果アユタヤには四×二・五キロ四方の島が形成される。都市内を巡る五六・四キロもの水路の中には、チャオプラヤー川とパーサック川に通じるものもあった。こうした有利な環境をさらに整備し、アユタヤは広大な穀倉地帯と北部の都市国家群、南部の海域、南洋のマレー半島をも支配下におさめ発展していく。

現在でも、こうした水路網に沿って、伝統的な高床式住居が建ち並び、人びとはその水と密接に結びついた生活を送っている。水との共存を常に考えてきたタイの生活がいまなお営まれているのである。タイの多くの都市で水路の減少と陸地化が見られる中で、水との共存を重視するアユタヤの人びとの空間と暮らしを追究し、とくにタイ系とムスリムの住民が多い地区を中心に、水辺の空間構造の特性を明らかにしていきたい。アユタヤでは、岸に沿って住宅が点在する地区と、川に沿ってある程度のまとまりを見せる地区とがある。主に、前者がタイ系、後者はムスリムに特徴的である。

タイ系の住まい

パーサック川をアユタヤ駅の南から東に曲がると、細い水路が伸びている。水路にせり出して茂る木々を掻き分けながら、舟は進む。両岸は多くの緑にあふれ、暑いはずの日中でも木陰の下は涼しく、舟上で受ける風が気持ちいい。水路の所々には水上菜園がある。魚も多く棲み、住民が夕食用のナマズを釣り上げる光景をあちこちで見かける。チャーター船の船頭も釣り竿をたらし、調査が終るまでの時間を潰していた。

こんな風景の中、水路の両脇には家々が点々と建っている。家は川岸から少し奥に建ち、地盤が確かで洪水時に浸水しないような場所を選んで立地している。護岸はコンクリート造のものもあるが、丸太と木板を組んだものが多く、渡し板や階段を使って舟から屋敷地に入る。敷地内には多くの水がめが置かれ、周囲は緑で彩られている。この地区の家は高床式住居で、川に正面を向けている。気持ちのいい川側には居間などの主室を置き、奥に厨房やトイレ、風呂を配置している。とくに、家正面の川に向かってつけられた階段が象徴的だ。現在は後背地に道路が造られ、陸への依存度が増して、車を持つ家もある。だが、家も人もいまだに川からのアプローチを重視し、水路を中心に暮らしている。

比較的大きな都市であるアユタヤだが、そのことは水の使われ方にも表れている。このあたりには水道がまだ通っていない家もあり、洗濯や家事に川の水を使う。また、ほとんどの家が現在でも舟を持っている。洪水時だけでなく、二〇年ほど前まで、商いをする住民は舟を使って商品を売りに行くことがあったという。しかし、二〇〇〇年、上流のロッブリーにパーサックダムが完成してからは、一年を通して水位に大きな変化はなく洪水も減った。いま、まさに住民の生活が変ろうとしている。だが、それでもまだ舟を使う家は多い。船着き場に四方吹きはなしの付属屋を増築して、水上に風通しのよい理想的な居間空間をつくり出す家もある。それが実に気持ちいい。住民は、むしろ積極的に川に近づいているようだ。水辺の利点を彼らはよく知っている。

水辺の付属屋

この地区で興味深い家に出会った。われわれが〈大工の家〉と名づけたその家は、一階が完成していて、ベッドなどの生活用品が置かれているが、二階は未完成で壁がない。費用ができたら作業を再開するという。主人が大工だということも関係しているであろうが、住まいに対する柔軟な考え方には驚かされた。タイ人の住宅全般に言えることだが、増築や改築、移築などにも同じような考え方が浸透している。彼らは家族が増えれば増築し、引越しのときは家財道具とともに家ごと移動する。短期間に完成させることを競い合い、一度住めば手を加えず、あとは捨てるだけの日本の住まいと日本人の考え方が、どこか貧しく思えてくる。

さて、タイ系の人びとの住宅は、その立地と空間構成に多くの共

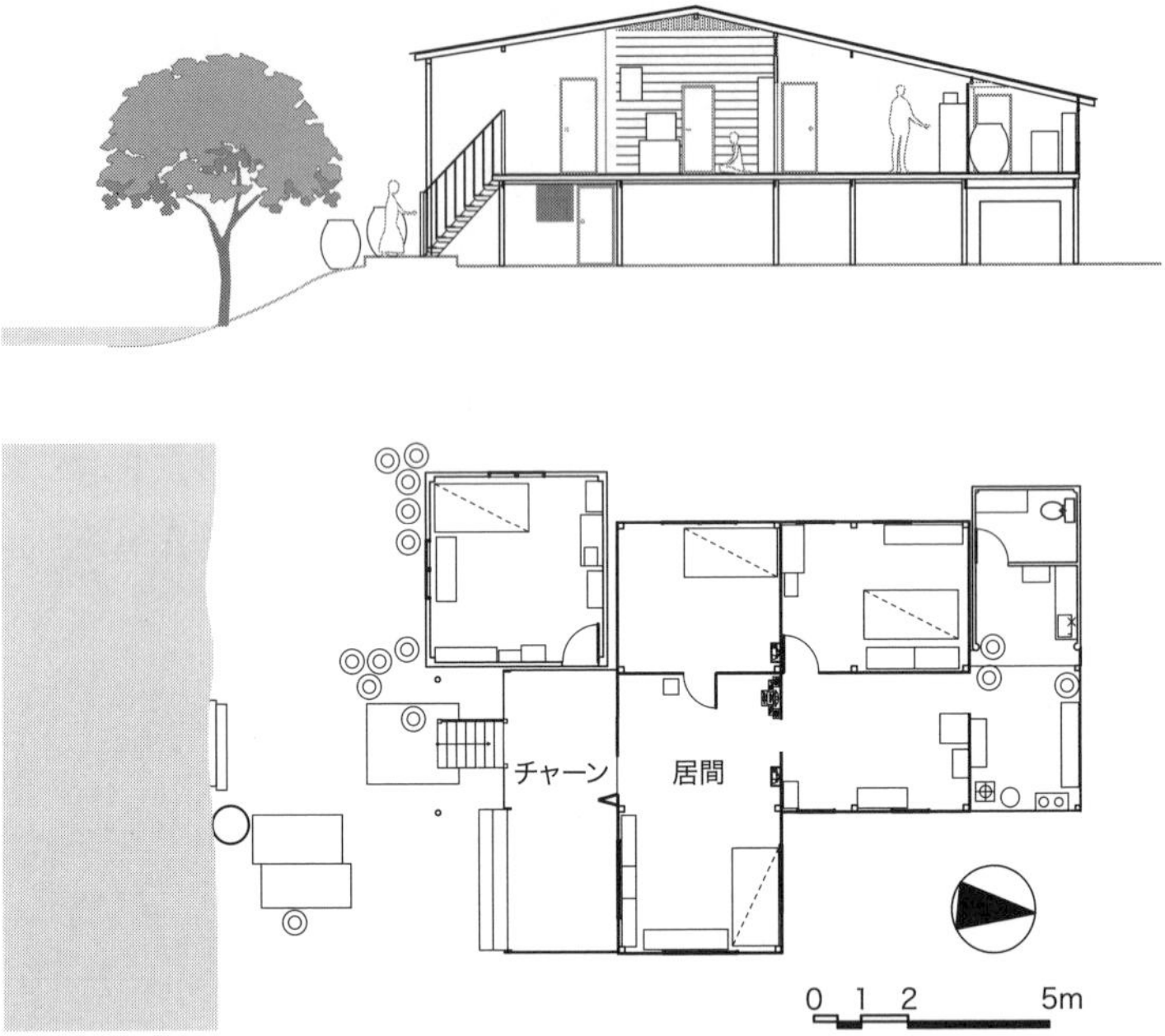

〈微笑みの家〉　チャーンや居間を川側に向け，水辺に開く構成をとる．

通点が見出せる。

現在は水位変化や洪水が少なくなったとはいえ、住宅が建築された当時は、年間を通して水位の変化に対応することが求められ、また川幅の狭い場所では、いまでも水位の高いときに住宅近くまで水が迫る。そのため、地盤が確かで、洪水が起きても浸水しない場所が宅地に選ばれた。同時に、日常の生活に川の水を取り入れる利便性の高い場所であることも求められる。

家族が増えた場合、タイ系の人びとは増改築によって対応する。〈大工の家〉のように住宅を新築する場合、もとからある住宅よりも川側に立地させる。このように地区ではなく親族単位で住宅が集合し、それぞ

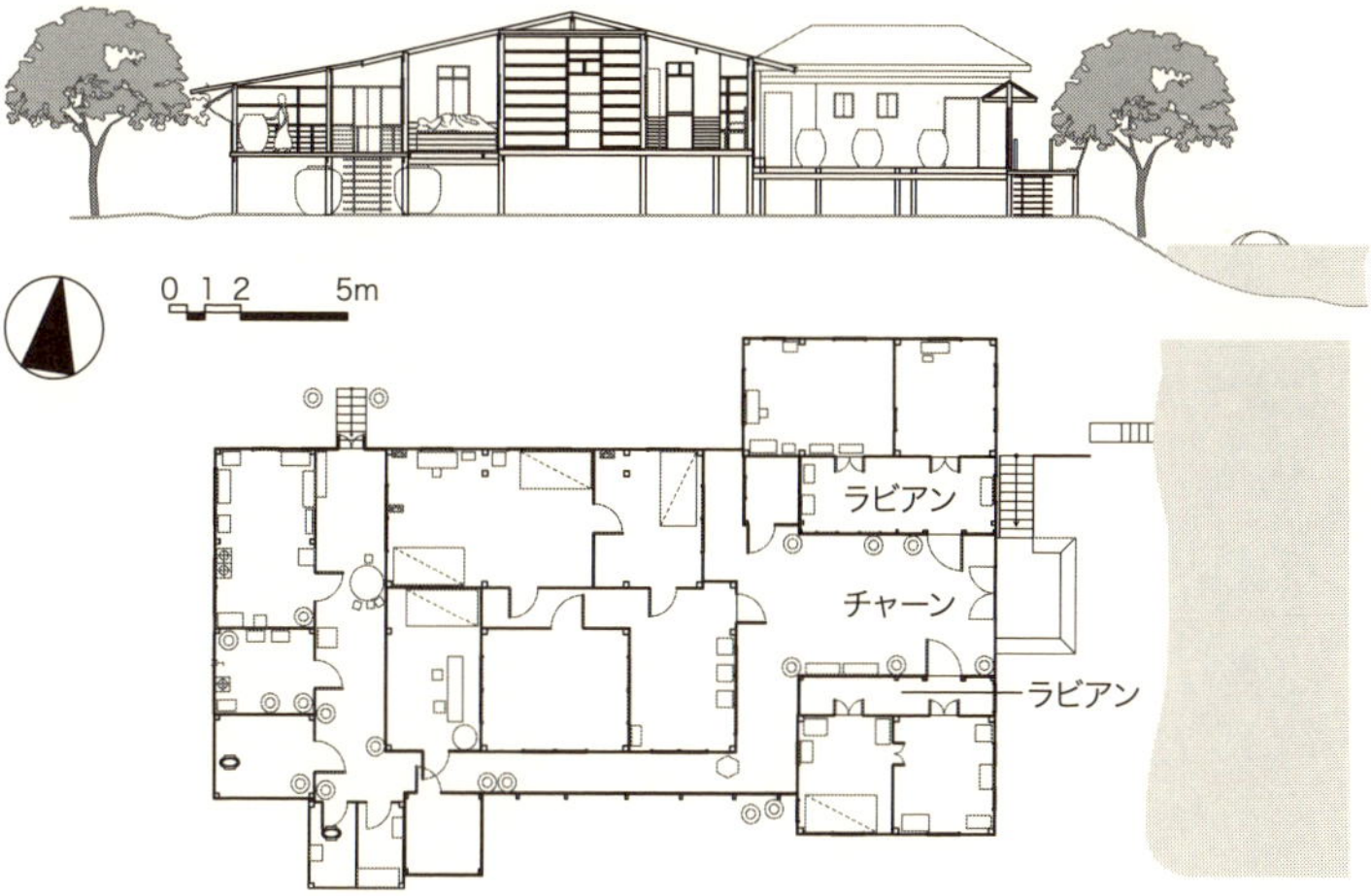

〈三合院〉 チャーンの左右にラビアンを持つ棟が位置する．後に家族が増えたため，西側にホン・ノンが廊下を介して増築された．

れが船着き場や桟橋を共有しながら、川に沿って点在するのがタイ系の住まいの特徴といえる。そして、どの住宅もが川の水位変化に対応するため高床式住居でつくられる。川に開く構成とり、階段が水辺に向かってつけられる。

〈豪農の家〉は、岸から陸に向かって、バンダイ↓チャーン↓ラビアン↓ホンノンという構成をとる。奥に進むほど屋根や壁で囲まれ、閉じられた空間となり、プライベートな意味合いを増していく。きわめて伝統的で典型的なタイ系の住まいといえよう。われわれが実測調査した〈微笑みの家〉、〈大工の家〉といった新しい住宅の空間構成もまた、チャーンやラビアンといった居間や作業場を川側に設け、水に開く構成をとる。

また、〈三合院〉や〈ゴーストハウス〉は、チャーンを中心とし、その周りにそれぞれがラビアンを持つ複数の棟を配した大規模な住宅である。床下まで水が来ることのある高床式住居では、こ

〈ゴーストハウス〉 チャーンを中心に，周囲にラビアンと一体となった４つの棟が取り囲む．創建当初は，チャーンを中心に南と北の中央の２棟のみであったが，後に北の棟の東西に１棟ずつ増築された．

のチャーンこそが、住宅内の各部屋や空間をつなぐための、いわば人工地盤として欠かせない。そのチャーン→ラビアン→寝室へと至る空間のつながりと、奥に行くにつれて高まる私的な空間の展開はここでも変わらない。〈ゴーストハウス〉は、チャーンの四周を棟で囲い、閉鎖的な中庭に似た空間をつくる。一方、〈三合院〉は、チャーンの川側の一辺がベンチのある踊り場（ノーク・チャーン）と階段につながり、川に開く構成をとっている。

このように、生業あるいは規模に多少の違いはあっても、水辺に開きながら伝統的な空間構成をとっている点は、どの住宅にも共通している。

ムスリム地区

多民族都市として知られるアユタヤは、タイ中部ではバンコクに次いで二番目にムスリムが多い都市である。円環状の河川の南側には、アユタヤ期に建設された三つのムスリム地区がある。その一つで、ワッタナーと呼ばれる船着き場の周りに広がる地区を見ていこう。

船着き場から陸に上がると、まず目につくのがアユタヤの太陽に照らされ輝くモスクだ。川が間近にある環境では、当然、彼らにとっても水との共存は大きな課題である。近年、このムスリム地区では一年を通じての水位変化が二〇～三〇センチしかない。しかし、ここでも七年前に大洪水があり、床下の柱三分の二までが水に浸かった。これに備えて、いまも安定した土地の上に高床式の住居を築く。安定した土地を持つことは、地区内の生活もまた、しだいに陸化することを意味する。この地区では、船着き場とは別に陸側にもムスリムらしく尖塔アーチのゲートがあり、川と陸の両方に顔を持っている。

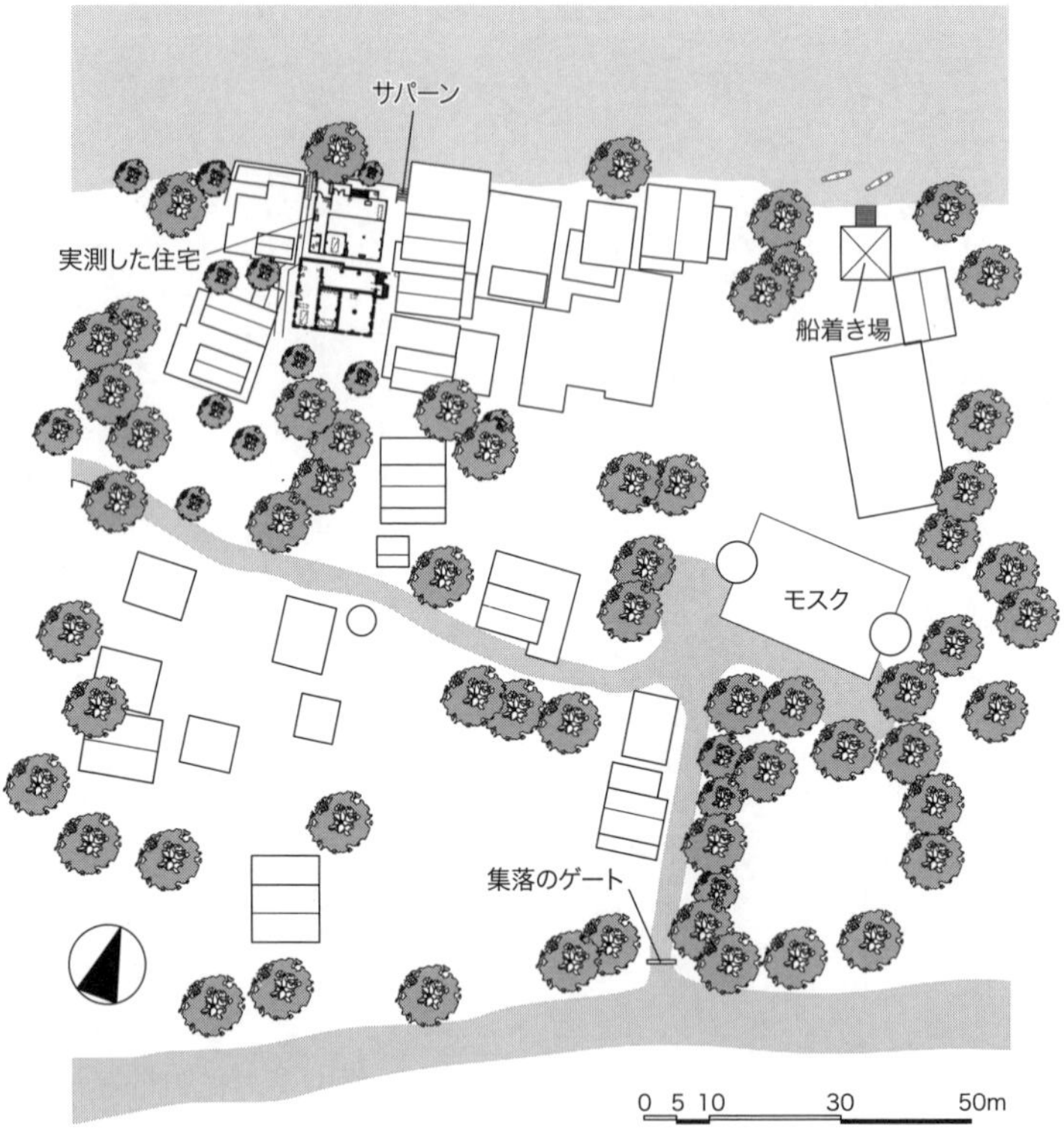

ムスリム地区

陸化は、地区の形成にも大きな影響を及ぼした。仏教徒のタイ人は住宅が塊状に集合せず、一軒ごとが水に面して線状の形態を示すのに対し、ムスリム地区はすべての住宅が水に面することよりも、むしろ公共空間のモスクを中心に面的に密集している。

そして、川沿いの家々では、川に面する住宅よりも、その奥の陸に位置する住宅が古く、一〇〇年以上前のものもある。我々が実測した事例もその典型で、家族が増え川側に一軒、右隣に一軒と、住宅が新築された。

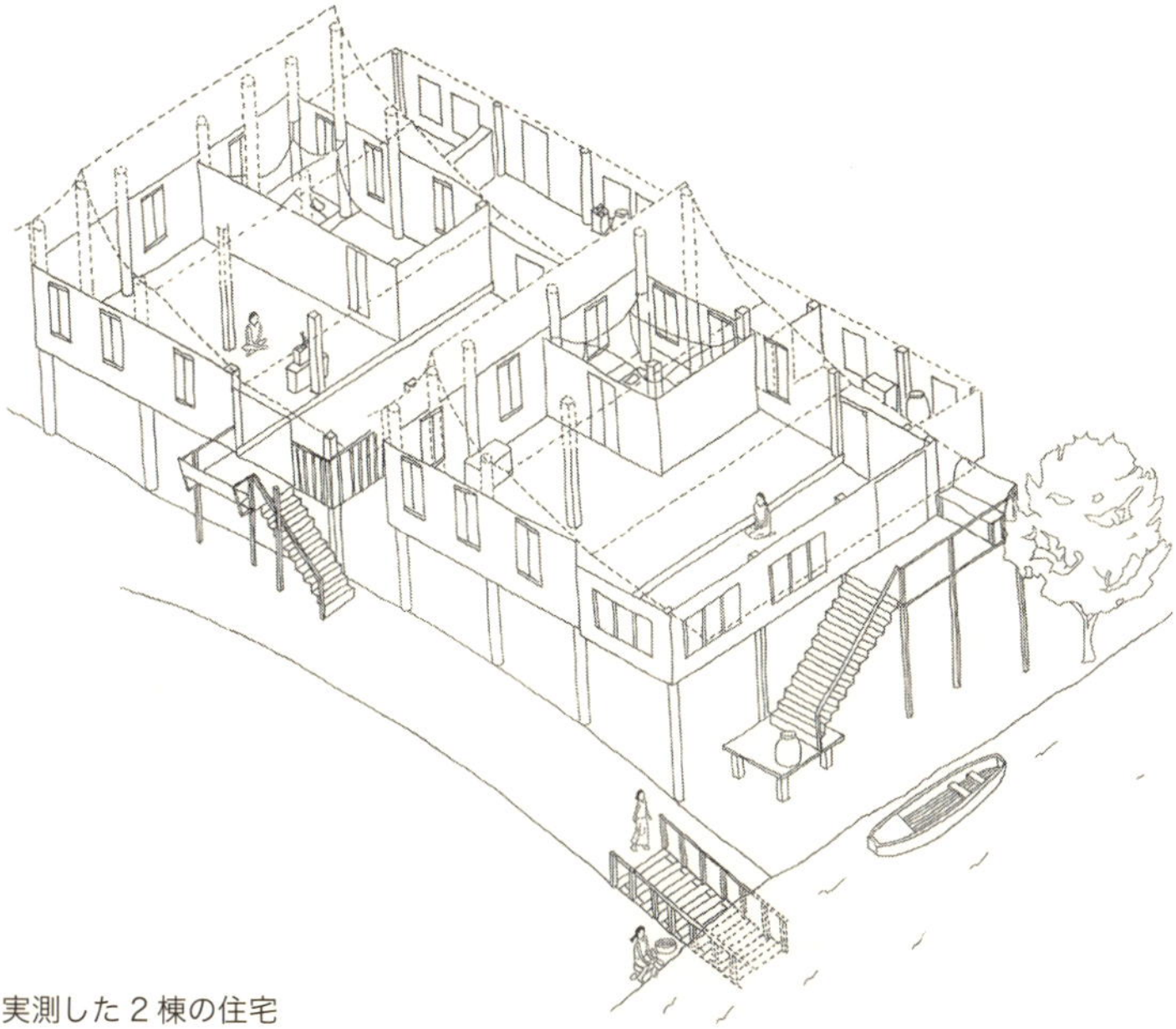

実測した２棟の住宅

増改築は、台所や床下の柱を替えた程度で、居住空間を増やしたい場合には、住宅を別の場所に新築する方法をとる。この地区が

陸側の住宅の背後から川の方向を望む　右の路地を奥に進むと船着き場の桟橋に至る.

面的に形成された理由もここにある。また、どの住宅もがほぼ同じ規模であるのも、ムスリム独特の平等性に基づく宗教観に要因があるのかもしれない。

増築をあまり行わないこうした住宅では、階段（バンダイ）を上がり、屋根のない空間（チャーン）

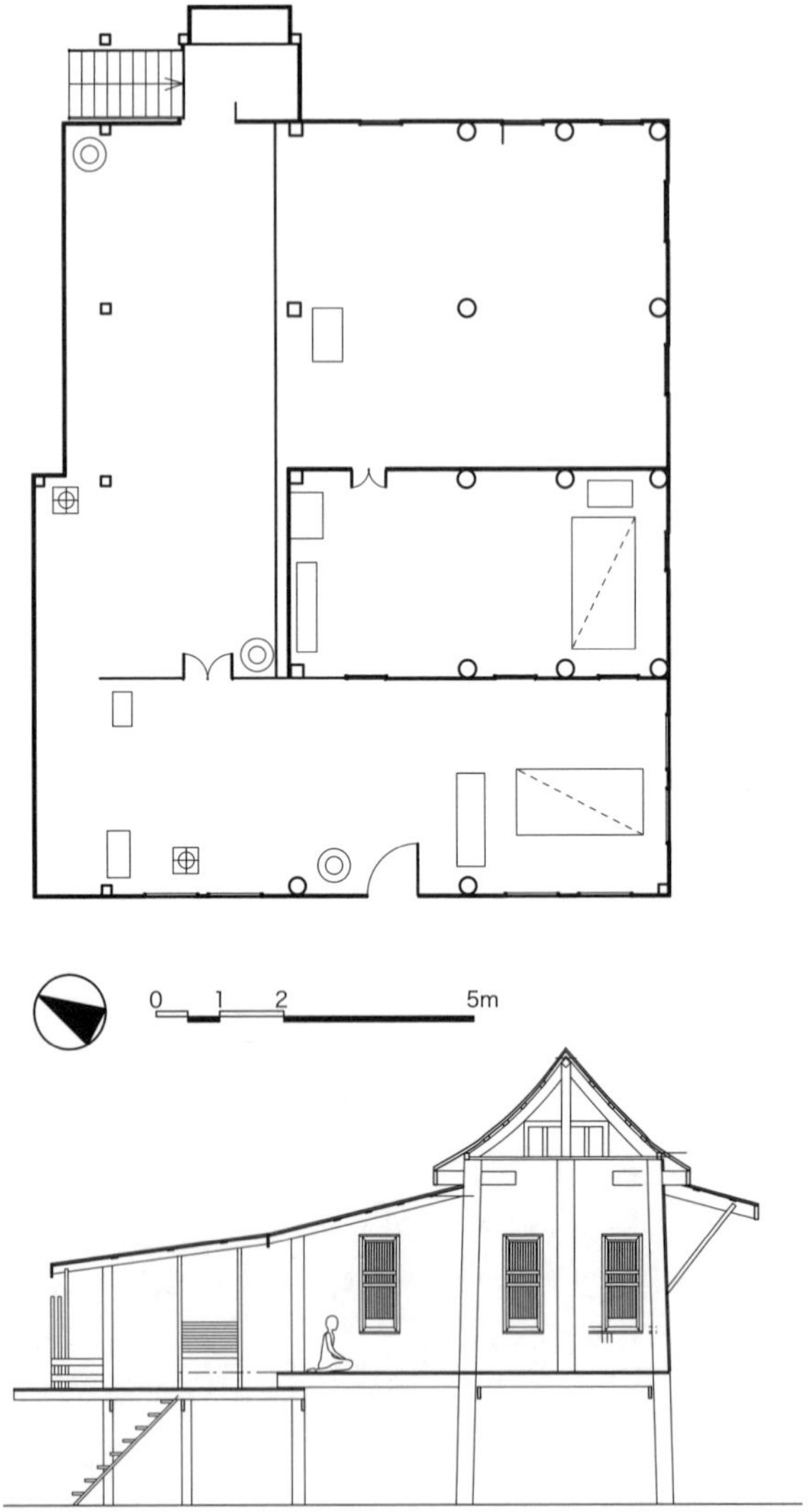

陸側の家

チャーンとラビアン　現在，チャーンは屋根が架かり室内化している．

から、軒下の空間（ラビアン）、一段高く壁に囲まれた寝室（ホン・ノン）に至る、最もシンプルな高床式住居の構成をとっている。階段下には足を洗うための水がめが必ず置かれている。のどかなチャオプラヤー川の流れを臨みながら、生活の多くをラビアンで過ごすスタイルがここでも受け継がれている。

この住宅の脇には川へ向かう通路がある。その先端にはサパーン・ロン・ナムと呼ばれる川へ降りるための桟橋、つまりサパーンがつくられている。住民が途切れることなく使うその桟橋は、共有の生活空間といえるだろう。食器を洗う女性たちは、そこで作業しながら井戸端会議に花を咲かす。少年たちは笑顔を見せながらそこで歯を磨き、女性も昔からの風習そのままに水浴びをする。

ムスリム地区では、水に対してタイ系の集合のしかたと違いを見せつつも、やはり個々の住宅は水辺にふさわしい高床であった。バンコクなどの

台所

水浴びをする女性たち

階段下の水がめ

都市では、水と日常の生活が徐々に切り離され、高床式住居の床下を壁で囲み、屋内の生活空間として改築することが多い。しかし、ここではいまなお床下に変化がなく、舟が備えつけられていて、増水時にも対処できるよう水との共存が図られている。タイ本来の水と人びとの暮らしがそのまま生きている。

以上のように、タイの各都市で進められている近代化・陸化は、アユタヤでも見られることであるが、長い歴史の中で培われた豊かな舟運と水との暮らしは、いまなお生き続けている。

アユタヤでは、ダムが建設される以前は毎年二～三メートルの水位変化があり、各住宅の床下まで水が上がっていた。水辺の住宅は、地区を形成する概念よりも、むしろいかに水位変化に対処し、一方で水を最大限に利用しながら豊かな暮らしを維持できるかということに重点が置かれている。

それゆえ、タイ系やムスリムに関わらず、川沿いにある住宅の立地は同じで、岸から少し陸に入ったところを最適な場所としている。また、増改築の有無や親族同士が集まって住む方法には、それぞれの差異がありながらも、いずれも高床式住居で、伝統的な空間構成をとりながら、川からのアプローチを重視して水辺に開くことも共通している。

アユタヤでは、宗教という枠を超えて、水辺に人びとがいかに住まうかということが問題であって、その答えが宅地の選択と高床式の伝統的な住空間であることを改めて実感できる。

4

ロッブリー——地形が織りなす多様な水辺空間

二〇一〇年一〇月、タイ中部のロッブリーは大洪水にみまわれた。新聞では、一面に水の広がる町の航空写真を掲載し、建物の一階がすべて水没していると惨状を伝えた。だが、実は住宅の多くは高床式で、水没したのは床下であり、洪水に強い住居形式であることを改めて示したのであった。

ロッブリー 17 世紀中期　城壁内の川辺にさらに砦に囲まれたナライ王の王宮が位置している．われわれが調査に入った西岸の低湿地帯には何も描かれていない．一方，東岸の商店街の位置には，ちょうど城壁外北側の川沿いに建物群が描かれ，当時からすでに店舗が並んでいたと推察される（前出 “Thailand-a view from above”）．

ロッブリーはバンコクから北へ一五三キロに位置する。六世紀から一〇世紀にはモン族が支配し、クメール帝国の経済、軍事の重要な都市であった。次にはスコータイ王朝が支配し、その後のアユタヤ時代には、ナライ王（在位一六五六～八八年）が夏の離宮をつくり、多くの時間をここで過ごしている。

ロッブリーの町は、南北に流れる川の両岸に形成されている。東岸が旧市街地で、猿で有名な寺院があり、宮殿や商店街が川に開く。一七世紀にフランス人建築家がデザインした宮殿からは、北に延びる川沿いの道に沿って商店街が続いている。一方、南北のロッブリー川と支流が合流する西岸は、蒸気機関による精米工場などがあって、いわば生産地区となっている。

さて、東岸の川沿いの商店街では、日用品から食料品までさまざまな品物を売る店が軒を連ねている。店主の多くは、一九世紀に中国潮州から来た華人の子孫で、二〇世紀初頭にはチーク材の卸売りで財を成した。

東岸に重要な寺院や宮殿が建設されたということは、ここが水位の変化に適応できるだけの高い土地であることを示している。一方、西岸はいまでも水はけが悪い低湿地になっている。東岸が商業地、西岸が産業地となり、各地区がその立地条件に適した機能を持っているのだ。その異なる条件によって、それぞれの地区にどのような空間構造と、それに応じた建築がつくられているのかを見ていきたい。

西岸の低湿地帯

ロッブリー川西岸の精米工場の周りには、静かで穏やかな空間が広がっている。この地区には、数十軒単位の住宅で構成される集落が点在している。低湿地で水はけが悪く、住宅の床下には雨期でなくても常に水がある。そのため、住民は高床式住居に住み、漁業や農業、食品加工業などで生計を立てている。

われわれが調査した集落は、西へのびる国道の脇を入り、川沿いの小道を進んだところに位置する。住民の話では、一九五〇年以前にはすでに住宅が並んでいたという。

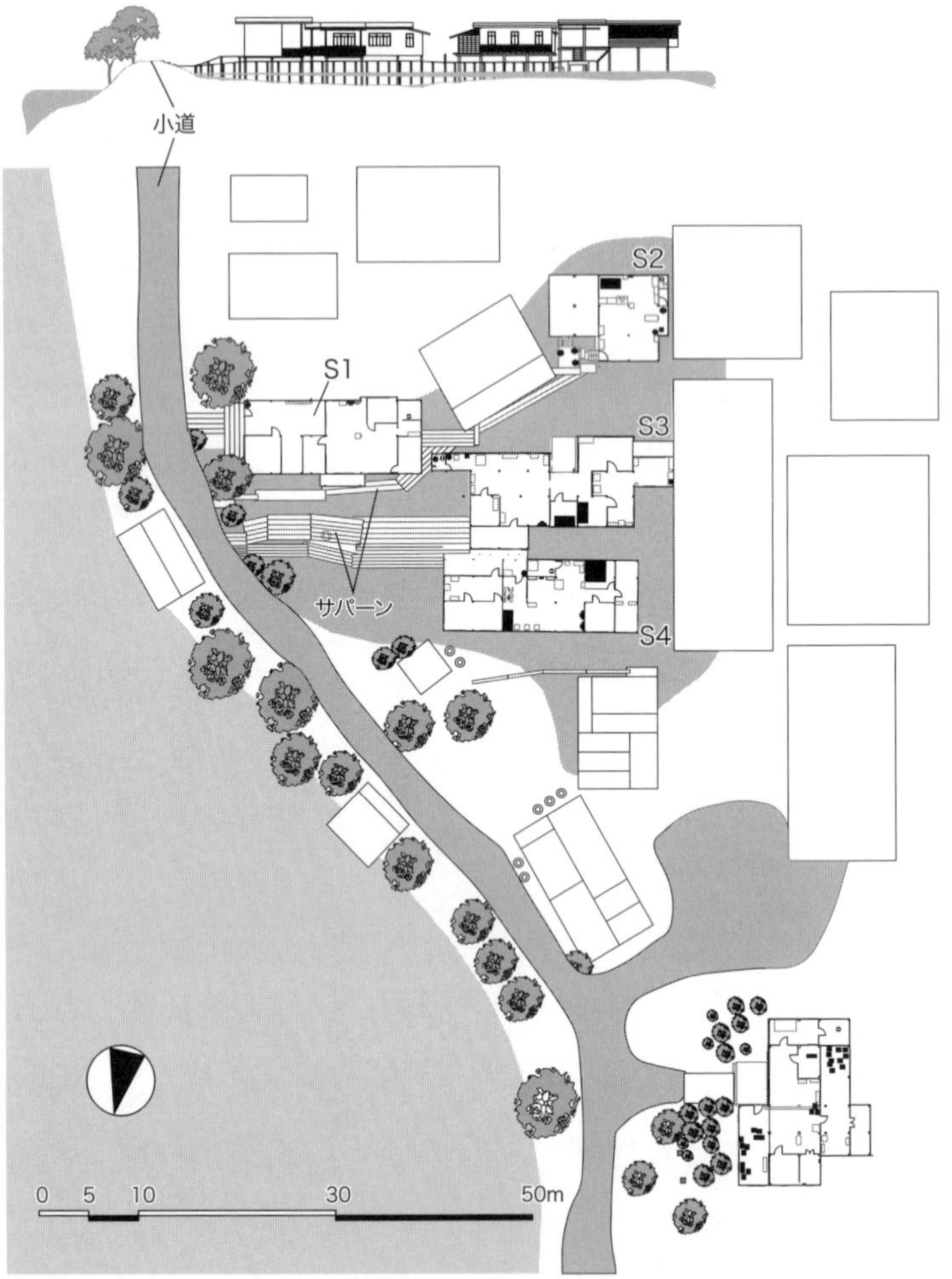

サパーンでつながる西岸の低湿地帯の集落

だが、もともとこの集落と国道を結ぶ小道はなく、一九九六年に盛り土をして人工的につくられた。それ以前は、西に流れる川と境界があいまいな程の低湿地帯に位置し、そこに住宅が建築されていた。一九一四年の古地図には小道がなく、岸のラインが不確定な場所に点在する住宅が数軒確認できる。つまり、各住宅へは、川から舟でそのままアプローチしていたのである。現在でも水はけの悪い土地であるため、雨期の水がそのまま住宅の床下にたまって、住宅が水上に点在しているように見える。また、後にできた小道は住宅の出入口に必ずしも接しているわけではないので、各住宅からは木製のサパーンを伸ばし連絡している。そのサパーンに面して住宅の入口がいくつもあり、集落全体でぶどうの房に似た空間構造を持つ。

S3 と S4 に通じるサパーン

いまなお、住民が住宅間や床下を小舟で自由自在に行き来した、かつての風景を想像することも容易だ。住宅の下には現在でも舟が置かれている。舟の通れるスペースさえあれば、隣の建物との距離や位置関係、アプローチなどの制約を受けずに、自分たちが住みやすいように住宅をつくることができるのである。

こうして、水上交通によってさまざまな制約を受けることなく成立した集落では、環境が変わったいまも、サパーンを用いることで水上の生活スタイルを維持している。タイ人は、外的要因に左右されることなく、その場ごとの水辺の環境に応じて、住みやすい空間を生み出す術を知っているようだ。

さて、タイにおける伝統的な住宅の空間構成や暮らし方は、住宅の正面に階段、次に屋外空間のチャーンや半屋外空間のラビアンを設け、奥に寝室を配している。奥へ行くほど閉鎖的になり、パブリックからプライベートな空間へと変化する。図を見ながら具体的に説明しよう。

まず、図のS1の住宅には階段は設置されていないが、川側に半屋外空間のデッキが設けられている。空き家なので、詳しい動線はわからないが、奥に進むと壁で囲まれた空間となり、その奥には仏壇や寝室がある。S2の住宅では、サパーンにつなぐために階段の前面にコンクリート造のバルコニーが増築されている。これら二つの事例は、小道の造成以前の住宅の入口と階段、サパーンの位置とを比較しても、水と密接に結びつく従来の暮らしと同じ空間構成が維持されていることを示す。

一方、S3の住宅では、サパーンと階段がつながっていない。サパーン側が正面のように見えるが、階段側のほうがバルコニーなどをつけて開放的な構成をとっている。かつて、舟だけが移動手段であった時期は、住宅へのアプローチに階段が使われていたので、こちら側が正面となっていたのであろう。また、S4の住宅では、かつて使用されていた階段が床で閉じられ、住宅全体も壁で囲まれて伝統的な空間構成をとっていない。この二つの事例は、舟からサパーンへといったアプローチの変化によって、伝統的な空間構成もが変わったことを表している。

現在は、ほとんどの住宅が小道からサパーンを通り、住宅へとアクセスする。そのサパーンは、通路としての役割を果たす一方で、一部の住宅でははは幅が一五〇センチほどもあるので、農作物が置かれていたり、洗濯物が干されていたり、または子供の遊び場や住民のコミュニケーションの場として利用されている。とくに、S3とS4の住民は親族同士なので、互いのサパーンがつながるようにつくられている。タイの住宅では、入口の階段を上がると人工地盤として使用される屋外空間のチャーンにつながり、そこを作業場とするケースが多い。ここではサパーンがタイの伝統的住宅のチャーンやラビアンのような機能を持っている。生活の陸上化で階段を使用しなくなり、住宅の開放的な空間が閉ざされてしまっても、代わりにサパーンにその機能を与え、屋外空間を確保したのである。アプローチの影響から空間構成に変化が生じても、住民は本来の生活のしやすさを追求し、環境に適応した住空間を築いている。

東岸の商店街

次に、東岸の商店街を見てみよう。この場所はロッブリー川とその支流が合流するため、舟運に便利で、道路から川に向かって幾本もの路地がゆるやかに傾斜しながら伸びている。斜面の上段、つまり道路側には店舗併用住宅が建築されている。中段や下段は専用の住宅がつくられ、斜面のどこに位置するかで建築形式やその用途が変化する。また、雨期と乾期で川の水位差が大きく、それぞれの建物は水との関わり方に違いを見せる。斜面という土地の形状と、川という自然条件とが深く関わりながら形成された商店街である。

一九一四年の古地図では、上段の道路沿いの店舗だけが確認できる。現在の中段と下段に当たる部分には、まだ建物が見られない。つまり、道路から川に向かって宅地の開発が進んだことがわかる。

商店街のちょうど中央に位置する路地を例に見ていこう。路地は、商店街の道路から川に向かって緩やかに下り、斜面になっている。斜面の上段では、一九一〇年頃から現在の店主の父親が米屋を営み、

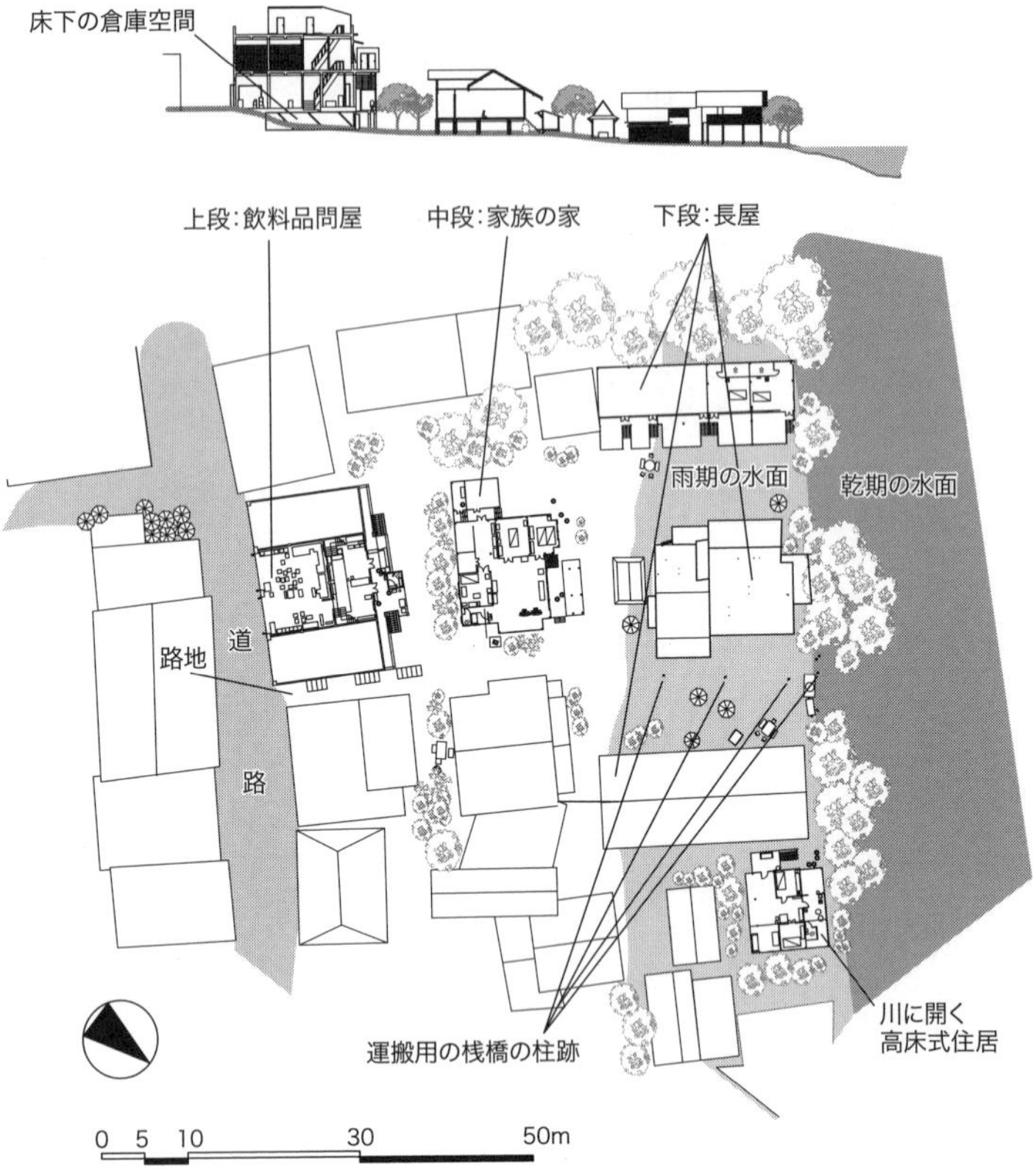

東岸の商店街中央の飲料問屋一帯

いまでは飲料を扱う問屋となっている。中段は、一九五〇年代に上段の店主が家族のために建てた住宅である。下段は、もともと店舗の商品搬入のため、船着き場へ至るサパーンがつくられていた。一九八〇年頃までは、西岸の精米工場から舟で米を運搬していたという。

このサパーンは、テーサバーンと呼ばれる地元自治体が建設し管理するものだったので、商店街全体で共同で使用していた。しかし、陸上交通の発達から、船着き場は閉じられ、その後、上段の問屋が高床式住居の長屋を三棟建築し、いまでは賃貸住宅として下段に住民が多く住んでいる。

　ここから南側にある路地では、上段に漢方薬の店を開き、中段に倉庫がある。下段には、この土地全体の所有者の住宅があり、川の近い場所に子供のための住宅が建築されている。斜面全

東岸の商店街の航空写真 1994 年（国軍地図局蔵）．写真左を上下に走る道路に沿って店舗が並び，東の川側には長屋群，その間を戸建の建物が埋める様子がよくわかる．

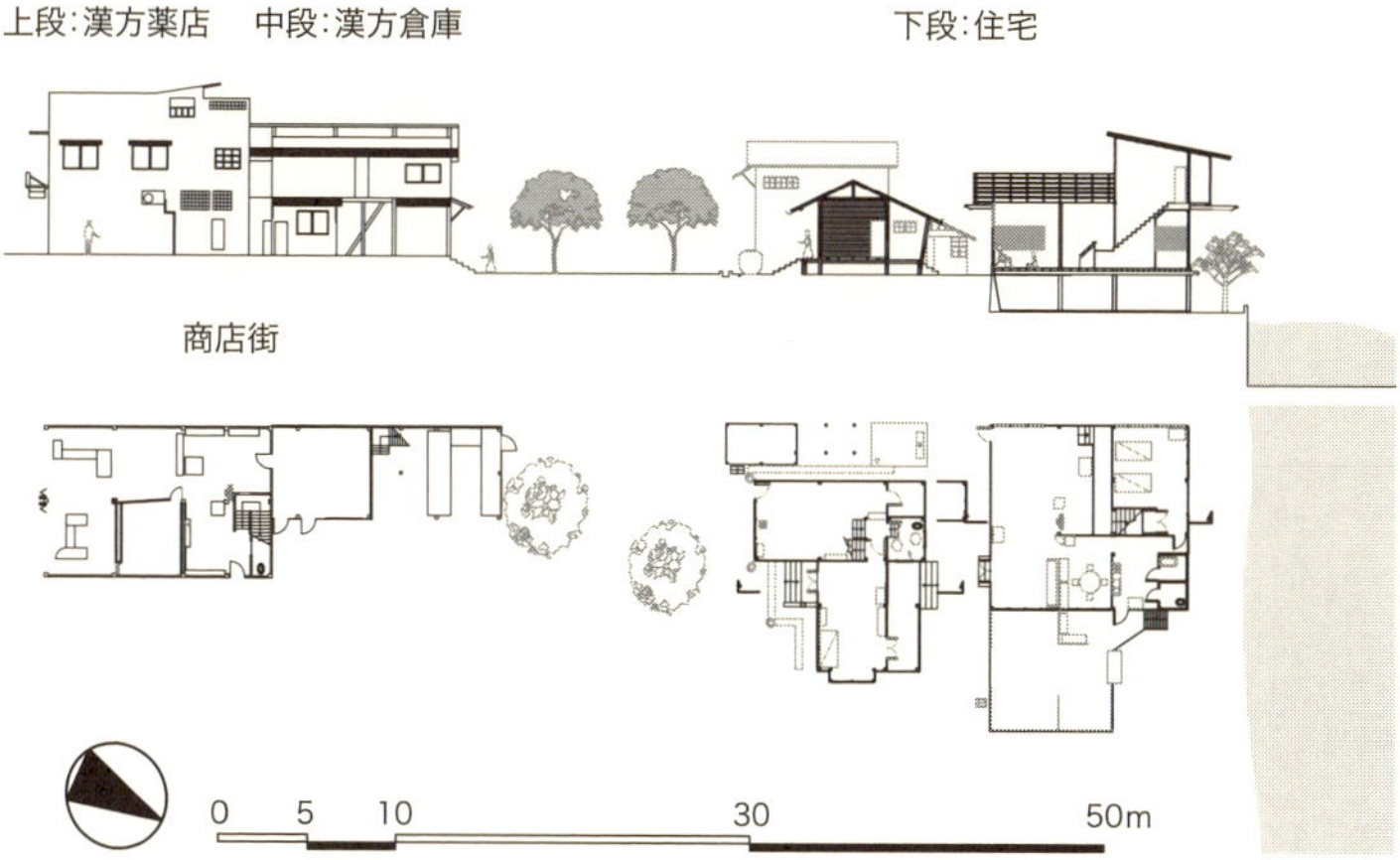

商店街南側の漢方薬店一帯

体では、上段の道路に面して店舗が位置し、中段や下段には店舗の経営者やその家族、あるいは土地の所有者が住んでいる。このように、まず川と商店街の間の土地を短冊形に割ることによって、できるだけ多くの店舗を立地させながら、上段、中段、下段でその場の用途にふさわしい土地利用を実現している。そして、上段、中段、下段では、それぞれの用途や水との関わり方によって建築形式を変えているのである。

隣接する問屋のケースも同じ構造である。上段の問屋では、客は道から訪れるだけなので水との関わりをもたない。また、洪水が起きても浸水することはなく、安定した高い土地にある。したがって、そこには地床式で重量のある、三層の木骨レンガ造の店舗併用住宅がつくられた。現在、一階の道側には店を開き、その奥は作業場や厨房とし、二階と三階を居住空間としている。斜面に沿ったなだらかな土地に建っているので、一階川側の床下部分に空間が生じ、そこを倉庫として活用している。同時に、一階天井の一部が開閉自在になっていて、床下の商品をロープで吊って二階に上げることができる仕組みになっている。こうした店舗併用住宅では、川側を舟からの搬入や作業のためのサービス空間とし、安定した陸側に店を立地させることで、敷地全体が水と結びつく合理的な空間構造を生み出しているのである。

さて、次の中段の住宅は、伝統的なものではないが高床式で建てられ、床下は高いところで一メートルほどある。住宅の横には「サーン・プラ・プーム」と呼ばれる土地神を祀る祠《ほこら》がある。これは、住まいや日々の人びとの暮らしに欠かせないもので、洪水になっても浸水させることは許されないため、雨期の水位よりもさらに高い位置に置かれている。一方、中段の住宅は、通常の雨期に水が来ると予想さ

長屋群の乾期の風景

雨期の風景　仮設のサパーンがつくられる．

れる高さまで床が高ければよい。この住宅が建築されたころは舟運が盛んで、住民の生活は現在よりもっと川と結びついていた。そのため、住宅の玄関は川側にあり、居間が水に開くプランでつくられている。

そして、下段には三棟からなる長屋形式の住宅群が立地し、いずれも床下が二メートルほどの高床式である。三〇年ほど前にロッブリー川の上流にダムが建設されるまでは、雨期になると、これらの住宅の床下まで川の水が増水した。最も川に近く地面のレベルが低いため、増水に対応した高さが確保されたのである。乾期には二階を寝室とし、床下をそれ以外の台所や家族が集まる空間として利用している。調理や洗濯などの家事を行うこともあり、日常の生活が地上にあふれ出す。しかし、ダム完成後も雨期にはひざ下くらいまで水が増水するため、乾期に地面であった部分は水に沈んでしまう。したがって、雨期には床下の家具を二階に上げて水が引くのを待つ。このように、年間の水位差に応じて、雨期と乾期では暮らし方が変わる。また、雨期は地面が水に沈むため、歩行手段を確保しなければならない。そこで、長屋の住民は協同して板をつなぎ渡し、通行のための仮設のサパーンをつくる。その材料となる板は、上段の問屋の一階床下の倉庫に保存され、毎年繰り返して使用する。その際の住民の集まりは、日本の「ゆい」に似ていて、ここでは「チュワイガン（助け合いの意味）」と呼んでいる。これは、かつてバンコクのような大都市にも存在したが、日々の暮らしが陸上化するにつれて失われた。だが、水と共存しながら住みよい環境を保つために、ロッブリーではこのような助け合いがいまでも存続している。

ちなみに、三棟の長屋の脇には伝統的な高床式住居が一軒ある。川岸ぎりぎりのところに立地しているため、大きな水位変化に対応できる高さでつくられている。住宅は、全体的に川に開く構成をとり、玄関だけでなく、タイの人にとって重要な半屋外のラビアンも川側に正面を向けている。

こうして、ロッブリーの商店街では道、斜面、川といった自然環境や住宅の立地条件に応じて、上段、中段、下段のそれぞれに合理的な用途の土地利用と建築形式を組み合わせ、個々の空間に適応した水との関わり方と暮らしが営まれている。

長屋脇の伝統的な高床式住居

また、ロッブリーでは低湿地と斜面地といった地形の異なる二つの地区を考察したが、川の合流点にあって舟運と水資源に恵まれ、人びとの日常生活や職業において、いずれも水と深く結びついていることに変わりはない。東岸では、斜面地形と水位変化に適合した建築形式と土地利用が実現され、一方の西岸では、舟から直接住宅にアプローチできなくなった代わりに、サパーンを有効に利用して環境の変化に適応させているのである。

ロッブリーの住宅は、過去の状況を含めると、水上にあって舟から直接アプローチするもの、水上にあってサパーンからアプローチするもの、道からじかにアプローチするものが見られた。そして、地面に直接建つ店舗併用住宅から、徐々に床下が高くなる高床式住居まで、建築にもさまざまな形式が見出せる。こうした水との関わり方に見る地区の構造や建築の形式のあり方が多岐にわたるのは、ロッブリーがタイ中部のチャオプラヤー川中流域に位置し、上流と下流の両方の自然環境をあわせ持つからといえるだろう。

5

ピサヌローク—浮家が並ぶ町

ピサヌロークは、バンコクから北へ五〇〇キロ離れたタイ北部に位置する。一三六二年からスコータイ王国が滅亡するまでの首都であった。スコータイへの玄関口として知られ、クメール、スコータイ、アユタヤの各時代を通じて繁栄を続けた都市であり、タイの北部と中部を結ぶ経済と交通の要衝でもある。戦後に大火があったことから古い町並みは残っていないが、都市を南北に流れるナーン川には、いまも水上住居の浮家「ルアン・ペー」が並び、タイの水辺都市を語るには欠かせない町である。

かつてのピサヌロークの写真や一九九五年の航空写真からは、川の両岸に多くの浮家を確認することができる。だが、現在では陸上への移住が進み、ナーン川西岸に数十件を確認できる程度に減少した。

両岸に浮家が並ぶかつてのピサヌローク（前出 “Thailand-a view from above”）.

二〇〇二年三月までは東岸にも浮家が並んでいた。その後、東岸では近代的な開発が進み、リバーサイドウォークがつくられて、切り立った堤防が延びている。

近年、政府は浮家の住民に対して、陸上への移転を積極的に進めているが、なかなか住民は同意しない。その理由は、浮家のほうが住みやすいからだという。現在でも対岸に渡ったり移動したりするには舟が用いられている。

浮家の空間構成

浮家は、竹を組んで筏状の土台をつくり、その上に家を建てる。なかにはドラム缶を並べて土台にする家もあるが、いずれも川岸の樹木や電柱に結びつけたロープで流されないように固定し、幅三〇センチほどの細い板を渡して玄関までの道を確保している。浮家にも電気は通っていて、竹竿による自作の電柱を川岸に差し、電線を家まで伸ばしている。だから屋根にはテレビのアンテナもついている。水位の低い季節には、広くなった川岸に洗濯物を干すなど前庭のように使用し、住民の生活がそのままあふれ出す。水

竹筏の上に載る浮家

に浮く小さな家ではあっても何ら不便はなさそうだ。こうした浮家は、二〇世紀初頭までバンコクなどの大都市でも一般的なものであった。だが、川中にあるため舟の航行を妨げることから、いまではタイでも限られた地域でしか見られなくなった。

ピサムロークの典型的な浮家の空間構成は、柱間三間分の奥行きがあり、正面が川に開く。川側は取り外し可能な簡易な壁で、蔀戸《しとみ》のように上下に開閉でき、日中ははね上げられて開放的な空間をつくり出す。その川側が居間、奥に寝室、最も陸側の一間が台所などのサービス空間として利用されている。

調査した〈一〇〇パーツの家〉もまた、これに近い構成を見せる。川側二間は寝室や日常の生活空間であり、陸側一間は物置である。台所は川側二間の陸側にある。陸からのアプローチは、護岸から板が筏の端に渡されている。筏の周囲には通

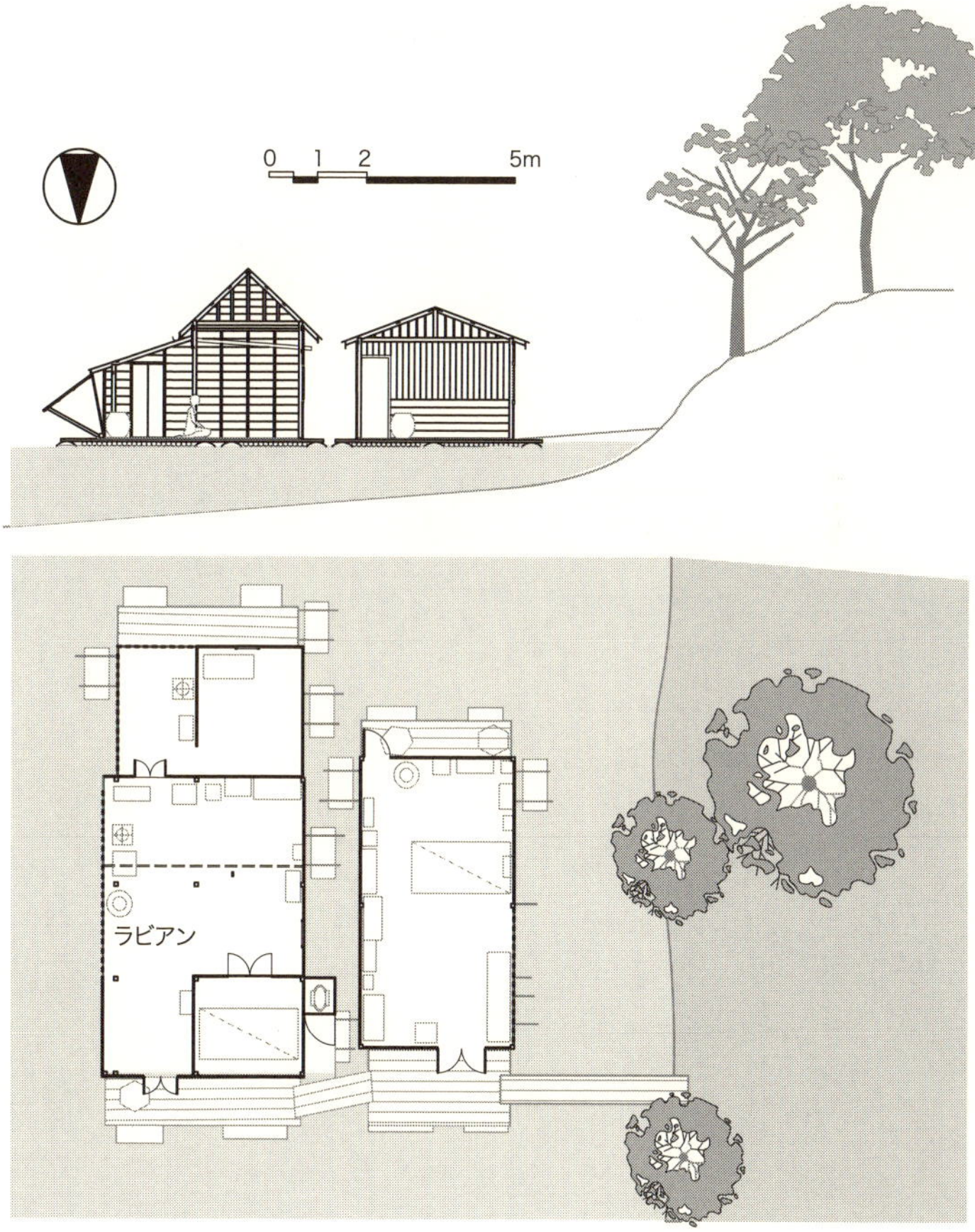

〈100バーツの家〉

路が巡り、ある程度の広さを持つので、日中の生活空間、あるいは調理や洗濯などの家事、水浴びの場として使用される。とくに、川沿いは最も心地のよい空間として、子供が遊び、大人がくつろぐ居間のような役割を果たす。つまり、伝統的な高床式住居のラビアンと同じ機能を持つ。居間として使用されるラビアンを川側

水上から見た開放的な浮家の内部

に配し、寝室は壁で囲い奥に計画してプライバシーを守る。ラビアンから寝室へと、奥に行くほど私的空間が展開する空間構成は、伝統的な高床式住居と同じで、浮家がタイの伝統的住宅の一形式であることを示している。

〈名づけの家〉では、親族同士がそれぞれの浮家を所有しながら、互いが板でつながって行き来できるようになっている。陸側の住宅は、筏の上の作業場兼通路の屋外空間と、一室構成の屋内空間からなる。川側にもう一つ住宅があるので、陸側の住宅はラビアンがなく川に開く構成をとっていない。一方、川側の住宅では川に沿った場所をラビアンと呼んで親族同士が共有している。そして、川側の壁は蔀戸になり日中は開け放たれ、直接川に接することができる。そこには片流れの屋根が架かり、実際には下屋に似た庇下であることがわかる。一方、陸側にはしっかりと壁に囲まれた寝室がある。川側からラビアン、寝室へとつな

川に沿ったラビアンで家事をする女性

がる伝統的な空間構成がここでも見られる。

浮家では、暮らしと水との関わり方が面白い。軒下にはたらいや洗剤が置かれ、水浴びだけでなく、食器を洗うときも川の水を使う。トイレはトタン板で囲まれ、床板の一部を適当な大きさに切り取り、そこから水面に直接用をたして、川の水でお尻を洗う。そのトイレは、当然のごとく必ず住宅の下流側に設けられる。しかし、下流側にあったとしてもすぐ隣に別の浮家が建つので迷惑だろうが、あまり気にかけていないようだ。一見、不衛生に思えるが、川には多くの小魚が住み、トイレからの餌を待っていて、次の家に流れ着く前に食べてしまうと住民はいう。浮家は川と生物が一体となったエコシステムと自浄作用を最大限に生かした住まいともいえるようだ。

浮家の価値

かつてピサヌロークでは、雨期と乾期の水位差

現在の片岸だけに連なる浮家群

が七〜八メートルもあった。こうした変化の大きな水面に浮かぶ浮家は、水位の上下に応じて、家もまた上下する。つまり、水と一体となった住まいなのである。日ごろから陸に住み、「建物は陸に建つ」という私たちの考えを変えてくれるユニークでダイナミック、しかも実に効率のよい住まいといえる。現在ではダムによって水位が調整されているが、それでも三、四メートルの水位変化がある。

水辺に居住するには、高床式住居と浮家の二つの方法がある。しかし、高床式住居では、八メートルという大きな水位変化には対応できない。だが、浮家ならば基礎が地面につく必要がない。そのため、川の水位変化とともに住宅は上下するだけでよいので、大きな水位差に対応できる形式として用いられたのである。

一方、浮家の空間構成からは、川に開くことが求められたことが知られる。それは、水辺の心地よさを求めただけではない。一九九〇年頃から、陸上でバスの運行が始まったため、ボートタクシーが営業を中止する。かつては、一部の陸上の住民も含めて、直接舟で移動することが多かった。また、生活用水として川の水が利用されていたので、そのためにも川辺に住まうことが求められた。しかも、一部の浮家は店舗でもあり、客が舟で訪れ、そのまま水上で商品のやり取りをしていたのである。

以上のように、ピサヌロークでは、大きな水位差が生じる自然環境に対して、浮家をつくり対処している。川の変化とともに住宅の位置も変化し、水の環境そのままに身を任せて暮らしが営まれている。また、一見するとバラックのようにも見える家だが、そこにはタイの伝統的な空間構成が見られた。ある意味で、その最もプリミティブな構成といえるだろう。そして、ここに住む人びとはけっして貧しくはない。役人や教員もいる。水といかに暮らすべきかをよく知っている人たちなのである。

現在、ピサヌロークでは浮家がつくり出す魅力的な景観が、貴重な観光資源になっているということから、国王陛下の次女であるプラテープ王女が保護に乗り出し、浮家の移築を禁止している。ただし、ここに留まる条件として、屋根をタイ中部の伝統的なバーン・ソン・タイに変えることが条件となっている。しかも、その多くをレストランにしたい意向もあるようだ。浮家の保存運動が、物理的な距離だけでなく、意識的にも住人を水から遠ざけ、形だけを残した商業主義的な利用に留まるとしたら、それは都市や建築の本質を失うことに等しい。いま、見た目だけではない、水とともに生きる暮らしを価値づける必要があるのだ。

6 ランパーン――タイ北部に咲いた近代建築の都

チェンマイから南東に一〇〇キロ、ワン川流域に位置するランパーンは、タイ北部で二番目に大きい都市である。その歴史は七世紀までさかのぼることができ、一一世紀から一三世紀までモン族のハリプ

20世紀初頭のヨム川　川を使って運ばれたチーク材を象が岸に上げている（前出“The Chao Phya- River in Transition”）.

ンチャイ国に支配された。それから三〇〇年間は、ランナータイ王国の一部となり、その後はチェンマイのように一八世紀半ばまでビルマに支配された。一八八五年、ビルマは大英帝国との第三次英緬戦争で敗北し、その植民地となる。大英帝国はチーク材の獲得拠点として、ビルマからさらにランパーンにまで手を伸ばす。

山林で伐採されたチーク材はそのまま川に流されて下流へ運搬され、とくにワン川やヨム川が使われた。このあたりは乾期と雨期の水位差が著しいため、川の水が少なく運搬に支障をきたす季節には、チーク材はいったん岸に上げられる。そのため、目的地に到着するには五年も費やすことがあった。ワン川のランパーン、ピン川のラヘン、ヨム川のパラエ、サワンカローク、チャオプラヤー川本流のパックナンポーは、チーク材の集積地として賑わった。

こうして、一九世紀末から二〇世紀初頭には、

ランパーン　岸のラインは1970年代までの状態を示す.

ランパーンはタイ北部のチーク材の集積地として繁栄する。ランナータイ王国の時期のランパーンはワン川の北岸が中心地であったが、現在はその対岸のほうに移っている。当時は、漆器からアヘンまで幅広い品物を扱っていたが、とりわけチーク材の貿易で最も発展した時期は、ラーマ五世期の一八八七〜九七年頃である。ちょうどタイが西洋諸国に門戸を開き、国の近代化を積極的に実施した時期だ。海外貿易が盛んに行われ、イギリスや中国、ビルマの商人が舟運を利用して訪れたため、ランパーンの建築にはこれらの国々の影響が色濃く反映された。その見事な建築群はいまだに維持され、現存する多くの邸宅はその時代の栄華を誇る。とくに、ランナータイとビルマの支配下にあったことから、両文化の要素が混在し、とくにビルマの大工による透かし彫りや精巧な木造建築の美しさが目を引く。

ランパーン　住宅調査表

建築タイプ	住宅名(OLD)	住宅名(NEW)	建設年代	外観装飾	構　造
高床式住居	ゲストハウス		1910	×	木造
		1931 裏	1931	×	木造
		高床ラーメン・木造	1950 ?	×	木造
コロニアル	レッドハウス		?	○	木骨レンガ
	1918		1918	○	木骨レンガ
	破風飾り		?	○	木骨レンガ
		メープのめがね屋	?	×	RC
	アーチモダン後		?	×	RC
	ペントハウス		?	×	RC
		RC 美容院	?	×	RC
		1931	1931	○	木骨レンガ
		木骨レンガテーラー	1936	×	木骨レンガ
ショップハウス	ピンクハウス		1918	アーチのみ	木骨レンガ
		シンプル木骨レンガ	1960 前		木骨レンガ
中華系店舗	チャイニーズ・トラディショナル		?	×	木造
	顔がチャイニーズ		1930 前	×	木造
		飾りほおづえ	?	×	木造
	チャイナショップ		1950 前	×	木造
	角の長屋		?	×	木造
洋　館	スーパー洋館		1930s	×	RC
		高床ラーメン・洋館	1931	×	RC

商業地の構造と建築の変容

ランパーンの中心は、川と並行する二本の商店街である。そのうち、一九世紀末に最盛期を迎える川側の商店街は、古くからの中心である。この商店街は〈華僑市場〉や〈船着き場〉という意味のタイ語で呼ばれている。これは、かつてここが華僑の多く住む港がある市場だったことを示している。往時の港は商店街の東の端に位置していた。その後、一九三〇年代から、都市の中心はこの商店街と並行して走る陸側の商店街へと移動する。こうして、ランパーンの商業地は、新旧二本の商店街から全体が成り立っている。

ワン川では、貿易のために活発に舟運が利用され、港や各店舗に商品が搬入された。搬入が効率よく行われるために、商店街は川と密接に関わりながら形成されていく。また、各商店街には、貿易によって移住した多民族による様々な建築がいまも現役で使われており、それぞれの特色を分析することで、ランパーンにおける今日までの建築の変容過程を明らかにすることができる。そこで本項では、川側を〈オールドストリート〉、陸側を〈ニューストリート〉とし、それぞれの商店街の構造と建築の発展過程を考察する。これにより、タイ北部の水辺都市について、建築のスタイルを時系列に沿って分析し、その形成過程を読み解いていきたい。

まず、ランパーンの建築のタイプは、タイの伝統的な高床式住居、コロニアル様式、ショップハウス、中華系店舗、洋館の五つに大きく分類することができる。

ガレー様式の高床式住居

伝統的な高床式住居

二本の商店街には高床式住居が四軒ある。いずれも伝統的な構造で、屋根のない屋外空間のチャーンと半屋外空間のラビアン、四方を壁に囲まれた寝室からなる伝統的なプランを持つ。一つめは、現在ゲストハウスとなっているガレー様式の高床式住居である。ガレー様式とは、北部タイのランナータイで見られる伝統的な住宅様式で、主な特色は上方が開く斜めの妻壁と小さな窓、破風の上部に見られるガレーと呼ばれる日本の神社の千木《ちぎ》に似たV字の意匠である。

また、比較的新しい例ではあるが、われわれが〈高床ラーメン・洋館〉と呼ぶ住宅も別棟を高床式住居にしている。ほかに、〈一九三一の家〉の裏、〈木骨レンガテーラー〉の裏にも高床式の住居が見られる。三軒とも、商店街に面する建物の裏の生活部分に、高床式住居が建てられているのである。これらは、もともと道路に面する建物の

〈高床ラーメン・洋館〉

一階で店を営み、二階部分を居住空間としていた。後に、裏手に高床式住居を増築し居住空間を拡張する。そこに高床式住居を用いたのは、川辺に立地することから、水位変化に対応する必要があったからだ。〈高床ラーメン・木造〉は、川側の床下部分に舟を備えていて、いつでも洪水や大きな水位変化に対応できるよう準備がされている。つまり、商店街が都市化、近代化しても、個々の場所で最

〈破風飾りの家〉

もふさわしい建築のタイプを探り、伝統的な高床式をそれに採用して、西洋式ではないみずからのアイデンティティーとなるスタイルを継承し続けたのである。

コロニアル様式

ランパーンには、洋風の建築が数多く建築されているが、その多くがビルマから流入している。ビルマは一八八五年に大英帝国の植民地となり、一方でチーク材貿易の中継地としてランパーンを拠点とした。ランパーンにはビルマ人のチーク商が多く、彼らはコロニアル様式の建物を多く建てた。一般に、コロニアル様式とは一七〜一八世紀のイギリス、スペイン、オランダなどの植民地でつくられた建築や工芸様式をいう。

コロニアル様式は、まず構造に着目す

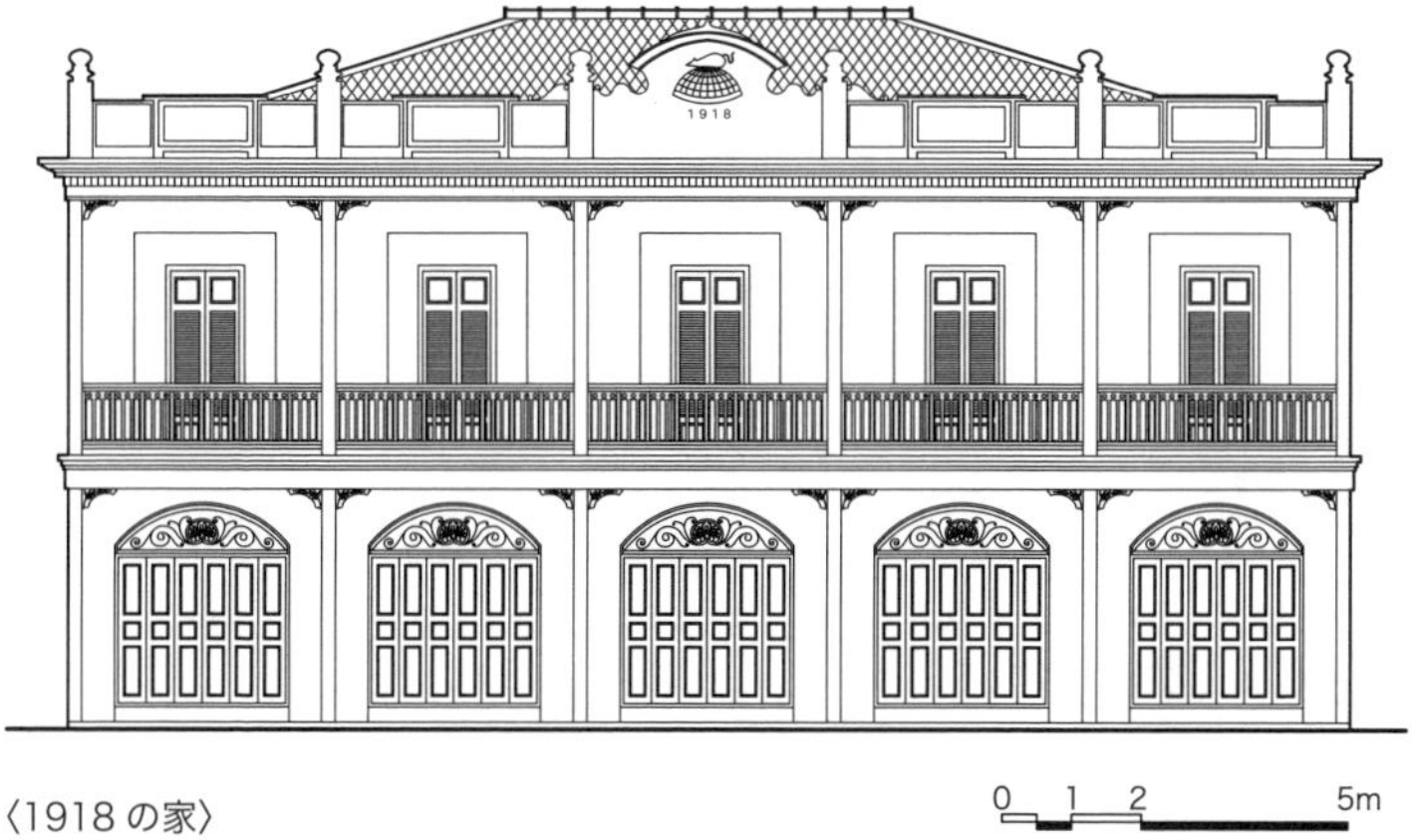

〈1918 の家〉

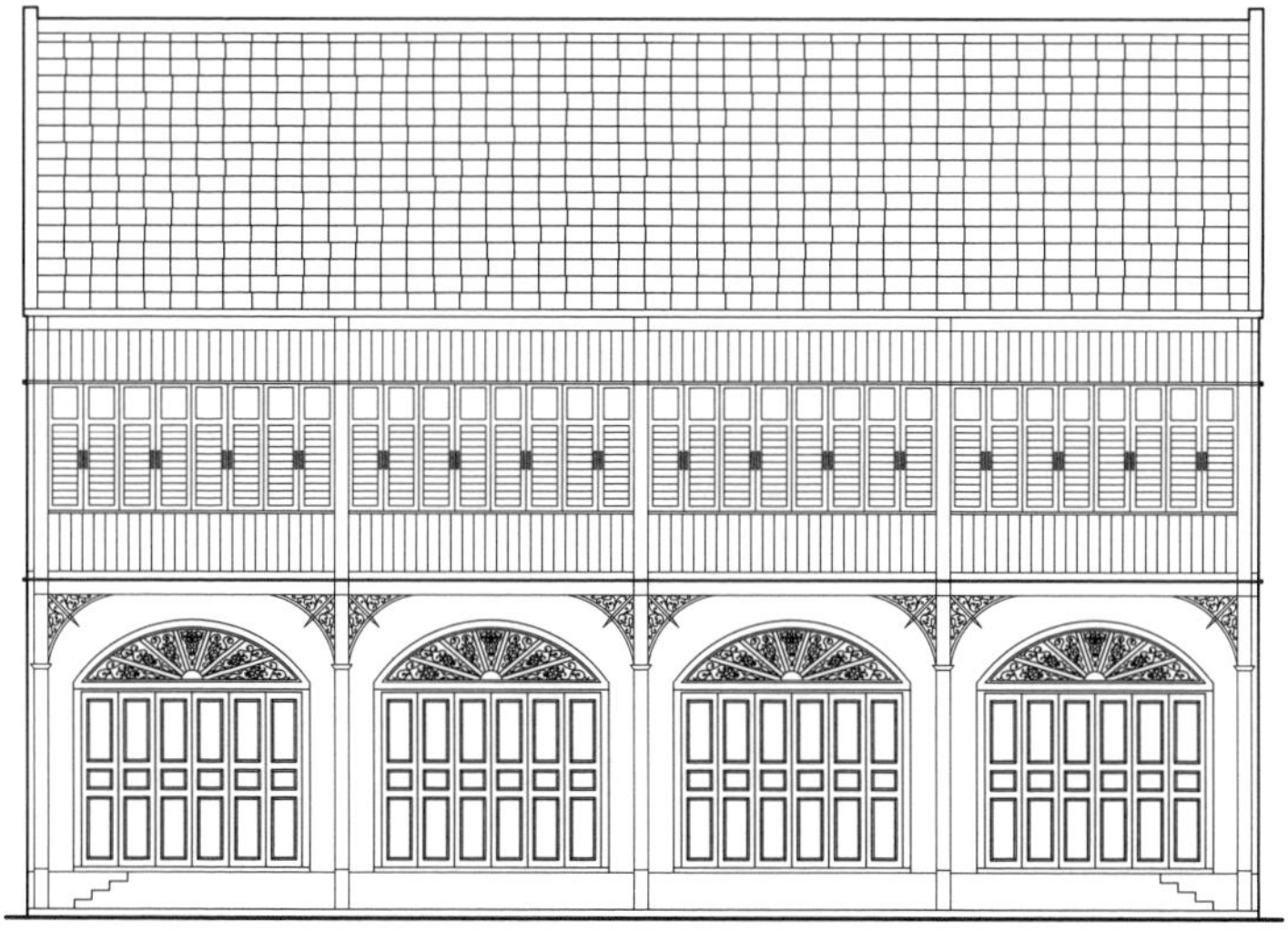

〈レッドハウス〉

正面の破風に記された建築年代（〈1918 の家〉）

開口部の装飾（〈1918 の家〉）

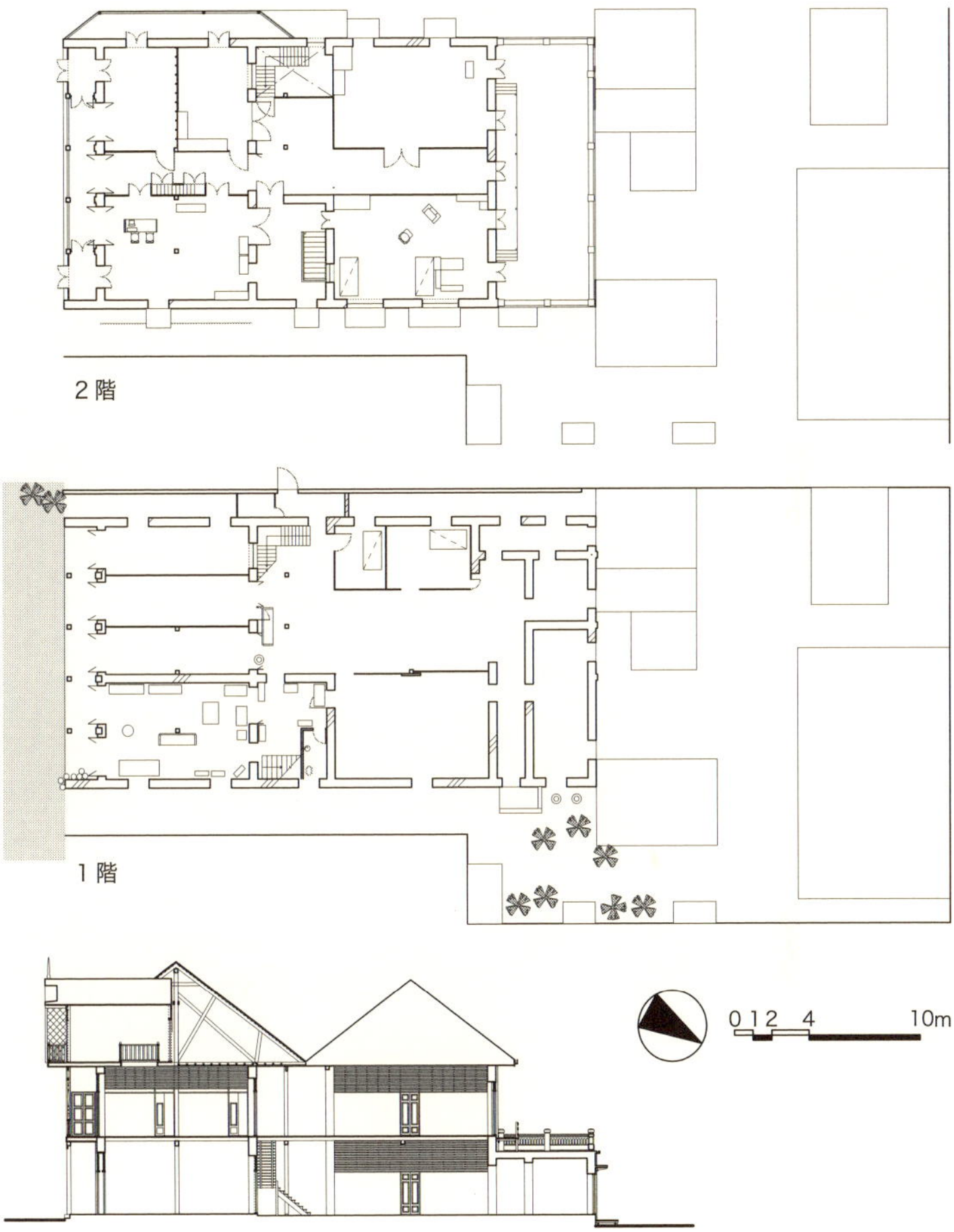

〈破風飾りの家〉 間口方向に柱間５間あるが内部は分割されていない．

ると、木骨レンガ造とコンクリート造に分かれる。タイでは、一九一三年に国内で最初のセメント会社サイアム・セメント社が設立され、セメントの生産が始まる。また、一九三〇年はじめには鉄鉱石が発

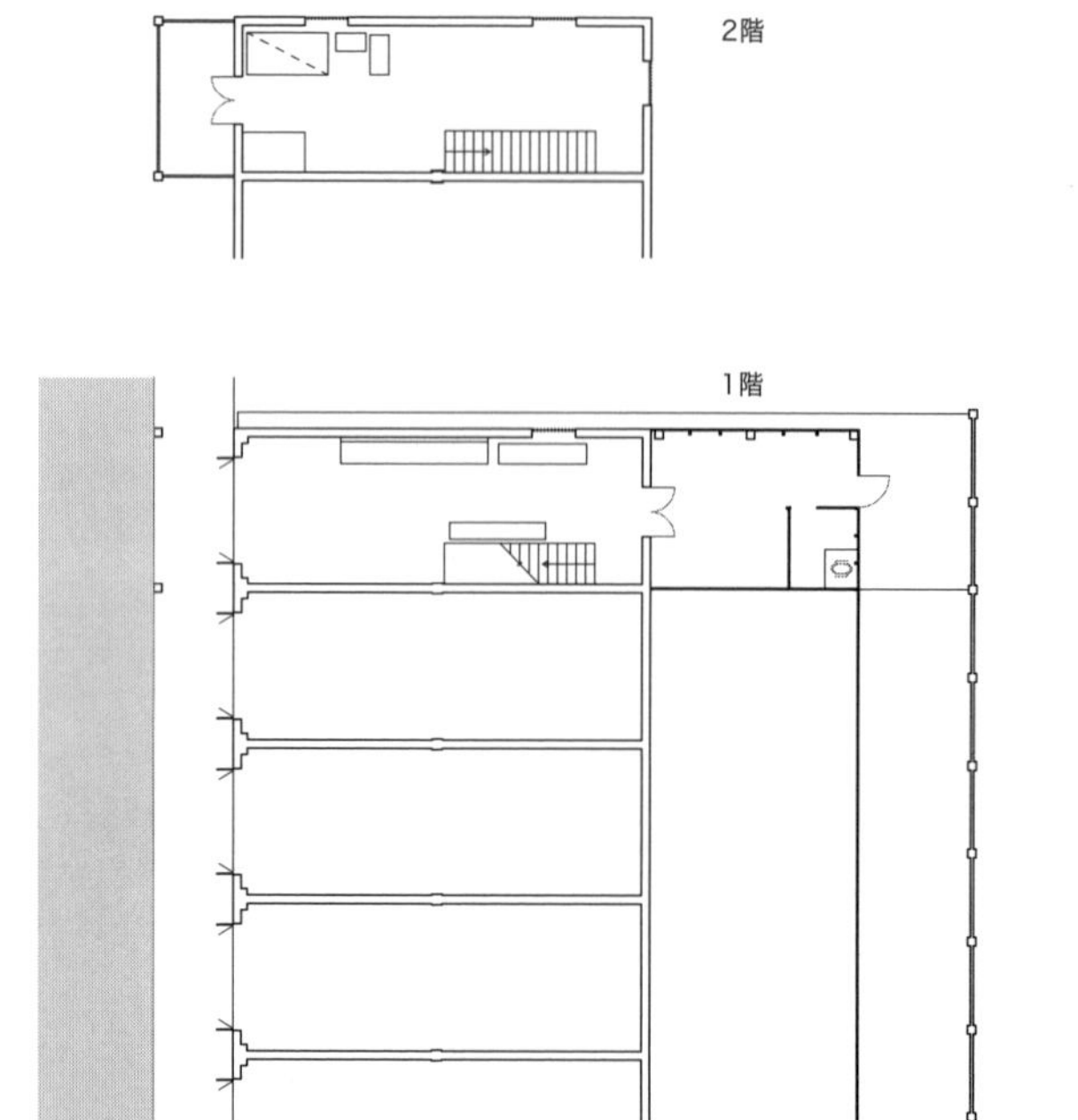

〈1918の家〉 柱間ごとに内部が分割されている.

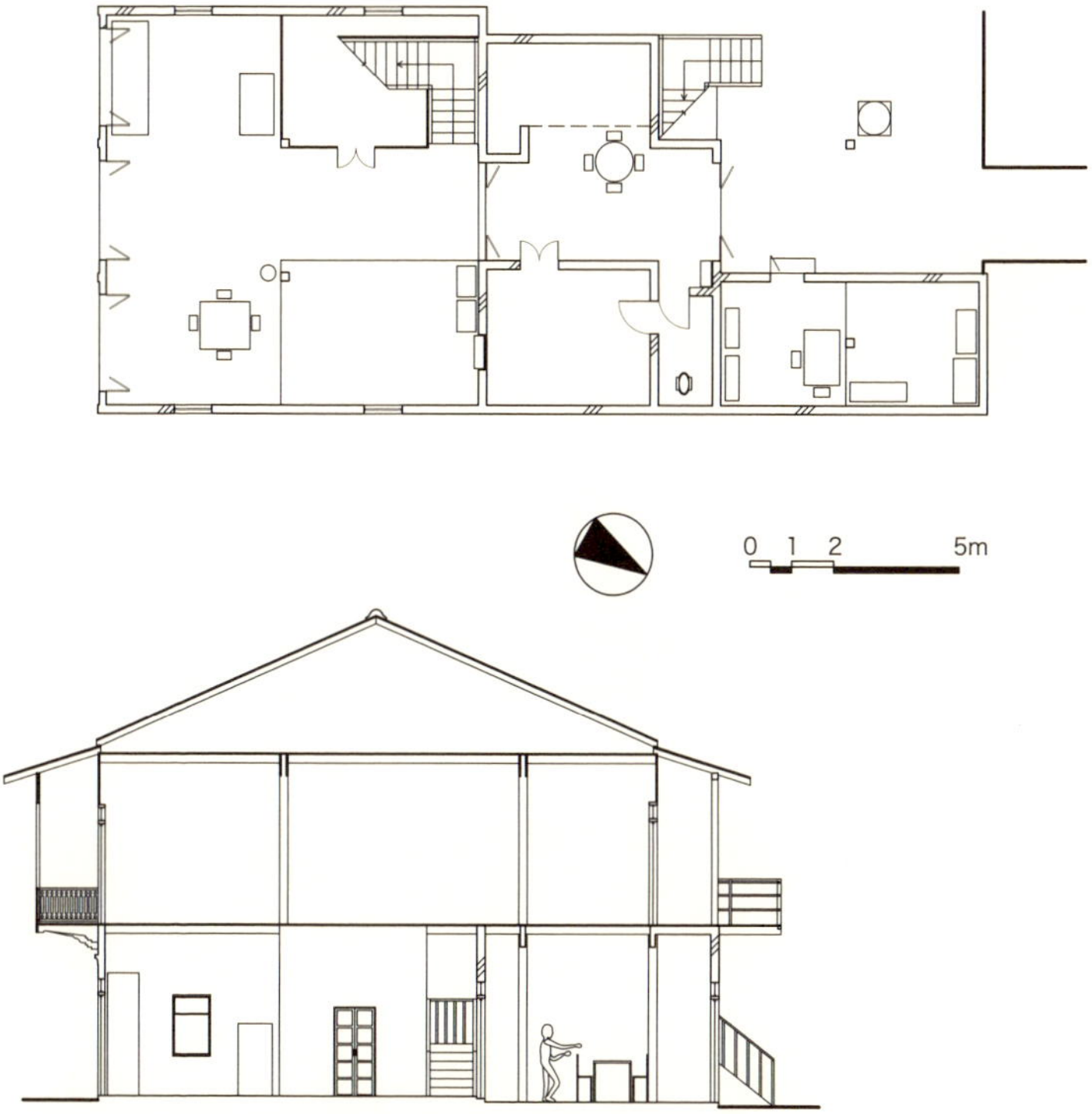

〈アーチモダン後〉　再び分割利用されなくなっている．

見され、その社内に鉄部局が設置された。つまり、一九三〇年代にセメントと鉄が普及し始め、建築においても鉄筋コンクリート造が普及する環境が整った。ランパーンでそれが登場するのは、早くて一九三〇年代前半で、ちょうど時期が符合している。われわれが〈メープのめがね屋〉、〈ペントハウス〉、〈アーチモダン後〉、〈RC美容院〉と呼ぶ建物は、いずれもその典型である。

　次に、開口部の上部にあるアーチの装飾について見てみよう。〈破風飾りの家〉、〈一九一八の家〉、〈レッドハウス〉で見られるのは美しい木製の透かし彫りである。また、コロニアル様式ではないが〈ピンクハウス〉には格子の装飾が施されている。これらの建築年代は、〈破風飾りの家〉が一九〇〇年代初頭、〈一九一八の家〉が破風に書かれた数字から一九一八年、〈ピンクハウス〉が聞き取り調査から一九一八年であることがわかっている。このようなアーチにみられる豪華な装飾は、一九一〇年代後半に流行しているので、〈レッドハウス〉もほぼ同じ時期の建築であろう。

〈メープのめがね屋〉、〈ペントハウス〉、〈RC美容院〉には、このような装飾は見られない。〈アーチモダン後〉では、透かし彫りがテラコッタという簡略化した装飾に変わっている。一九三六年に建築された〈木骨レンガテーラー〉も装飾が少ない。総じて、一九三〇年代前半までは装飾

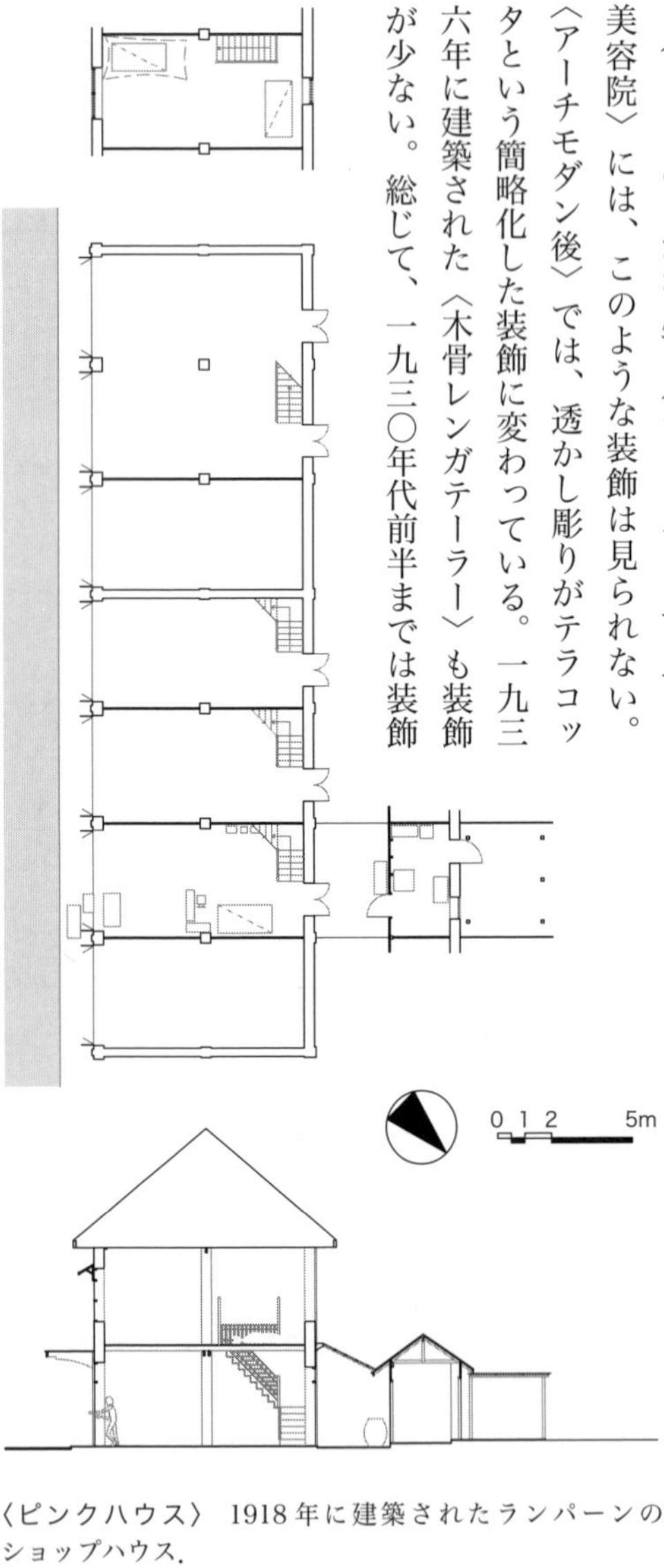

〈ピンクハウス〉 1918年に建築されたランパーンのショップハウス．

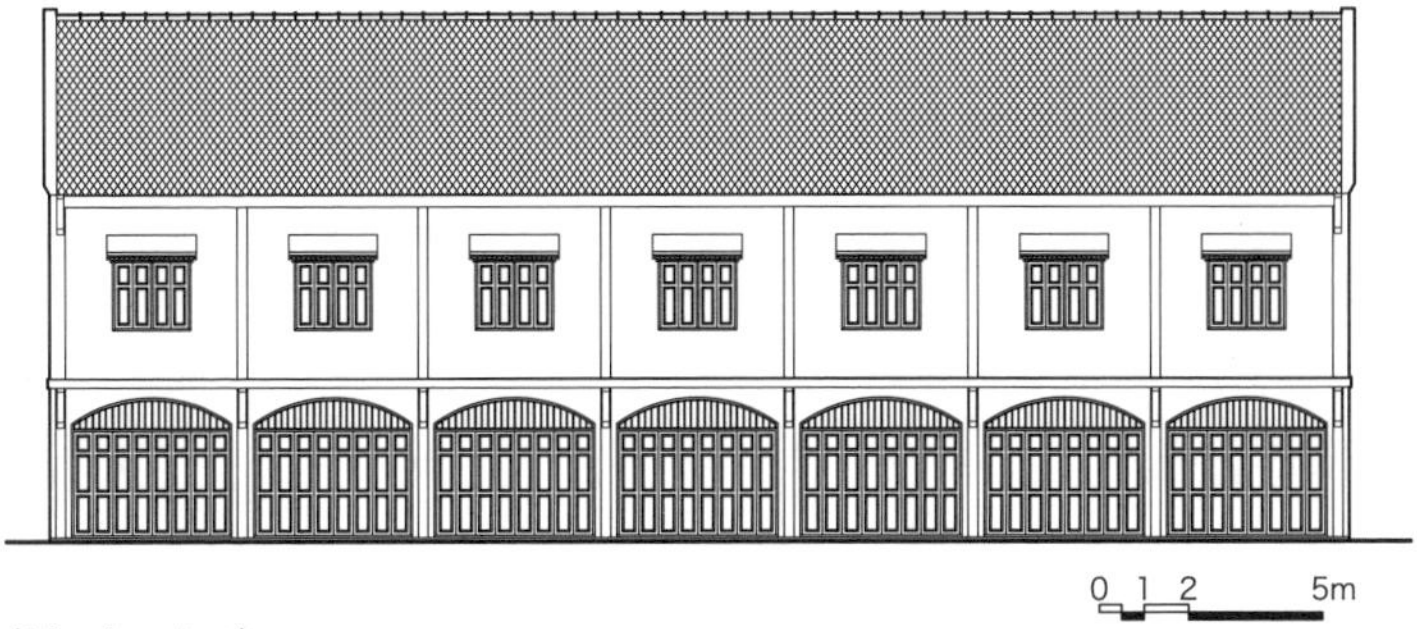

〈ピンクハウス〉

が豊かで、一九三〇年代後半以降は簡素化されていく傾向が見出せる。

さらに、空間構成を見てみよう。一九〇〇年代初頭に建てられた〈破風飾りの家〉は、間口の柱間が五間あるが、内部は分割されていない。しかし、〈一九三一の家〉、〈一九一八の家〉などは間口ごとに内壁がつけられ、それぞれの居住者も異なる。つまり、一九一〇年から一九三〇年にかけて空間の分割利用が一般化しているのである。しかしながら、それ以降に建築された〈メープのめがね屋〉、〈ペントハウス〉、〈アーチモダン後〉では、分割利用が見られない。これには、町の成立から経済的繁栄に至る住民の富の蓄積が関係していると思われる。

ショップハウス

ショップハウスは、一九世紀の東南アジアから東アジア一帯に見られ、一階を店舗とし、二階以上を居住空間とする主に棟割店舗のことである。二〇世紀初頭のバンコクには、ヨーロッパ諸国の影響下で進められた経済改革の過程で多くの人びとが流入した。彼らの住居や店舗として、タイに導入された主な建築タイプがこのショップハウスである。それには、ラーマ四世や五世の時代に、シンガポールをはじめとする海峡植民地の視察の経験が大きく影響している。

さて、ランパーンのオールドストリートにあって、一九一八年に建設された〈ピンクハウス〉はまさにその典型で、開口上部にアーチとテントと呼ばれる装飾が見られる。これらは、バンコクのショップハウスにも多く、その影響を受けたものだろう。

ニューストリートのショップハウスでは、〈シンプル木骨レンガ〉がその例である。ショップハウスは都市における街区成立の重要な構成要素となるので、ニューストリートが発展した一九三〇年代に建設されたと考えられる。コロニアル様式が一九三〇年代後半から装飾がシンプルなものに変化したように、ショップハウスにあっても、この時期のものは装飾が少ない。

また、プランはすべて分割利用されていることも、この時期のショップハウスの特徴である。

中華系店舗

中華系店舗とは、華人によってもたらされた中国の伝統的な建築をベースとする店舗併用住宅を指す。われわれが調査した〈チャイニーズトラディショナル〉を中華系店舗の原型であるとする理由は、二階のベランダまでの高さである。他の四軒は三メートルから三・五メートルであるのに対し、この建物だけが二・五メートルと低い。空間構成を比較しても、五軒のうちここだけが分割利用されておらず、残りの〈顔がチャイニーズの家〉、〈飾りほおづえの家〉、〈チャイナショップ〉、〈角の長屋〉はみな分割利用されている。したがって、これらの建築は主にショップハウスが導入された一九二〇年代以降の建築であろう。

〈チャイニーズトラディショナル〉　ランパーンにおける中華系店舗の原型と思われる.

次に、装飾に目をむけると、まず〈チャイニーズトラディショナル〉は、後にベランダを増築しているが、もともと中華系の建築にベランダはついていない。つまり、この建物は建築が西洋化される一九一〇年代以前につくられたのではないだろうか。一方、〈飾りほおづえの家〉には軒下部分に円形の連続した装飾がつけられ、ベランダの仕切りと手すりの部分にも飾りが施されている。ベランダは建築当初からあったので、コロニアル様

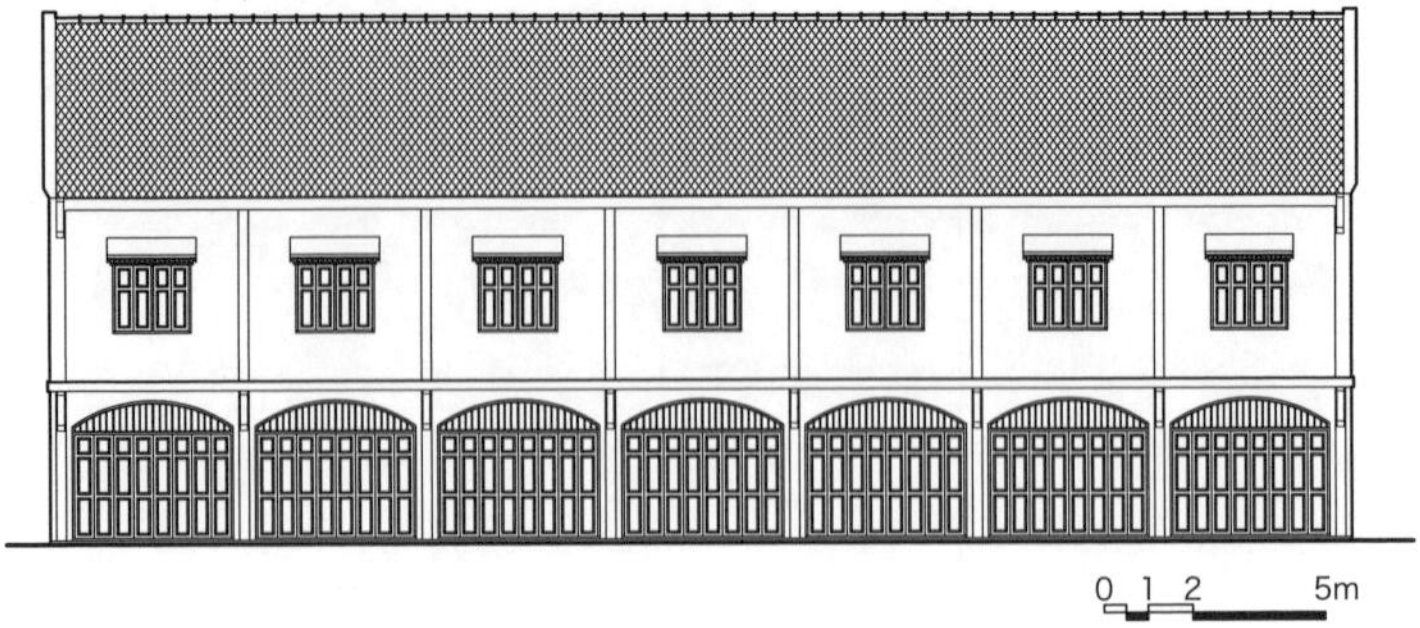

〈チャイニーズトラディショナル〉

式が流入し、さらに装飾が強まった時期以降の建築とすれば、一九二〇年代以降のものと推測することができる。〈顔がチャイニーズの家〉にもベランダの仕切りと手すりの部分に装飾があるので、ほぼ同時期のものであろう。ここでも、ベランダは後に増築されているため、一九二〇年代以降で、〈飾りほおづえの家〉よりも早く建築されたと考えることもできる。それに対して、〈角の長屋〉、〈チャイナショップ〉はデザイン要素が少ない。〈角の長屋〉は、建築当初からベランダがついていたので、コロニアル様式の影響を少なからず受けている。つまり、コロニアル様式の流入後、装飾性の弱まる一九三〇年代後半以降に建築されたことが知られる。

洋 館

洋館には、オールドストリートの〈スーパー洋館〉とニューストリートの〈高床ラーメン・洋館〉がある。コロニアル様式の住宅と似てはいるものの、完全に洋風化しているものを洋館として分類した。この二軒は、聞き取りから一九三〇年代に建築されたことがわかっている、いずれの所有者もチーク貿易で財を成した。ここで注目したいのは、どちらも高床式住居である点だ。西洋的な要素を取り入れながら

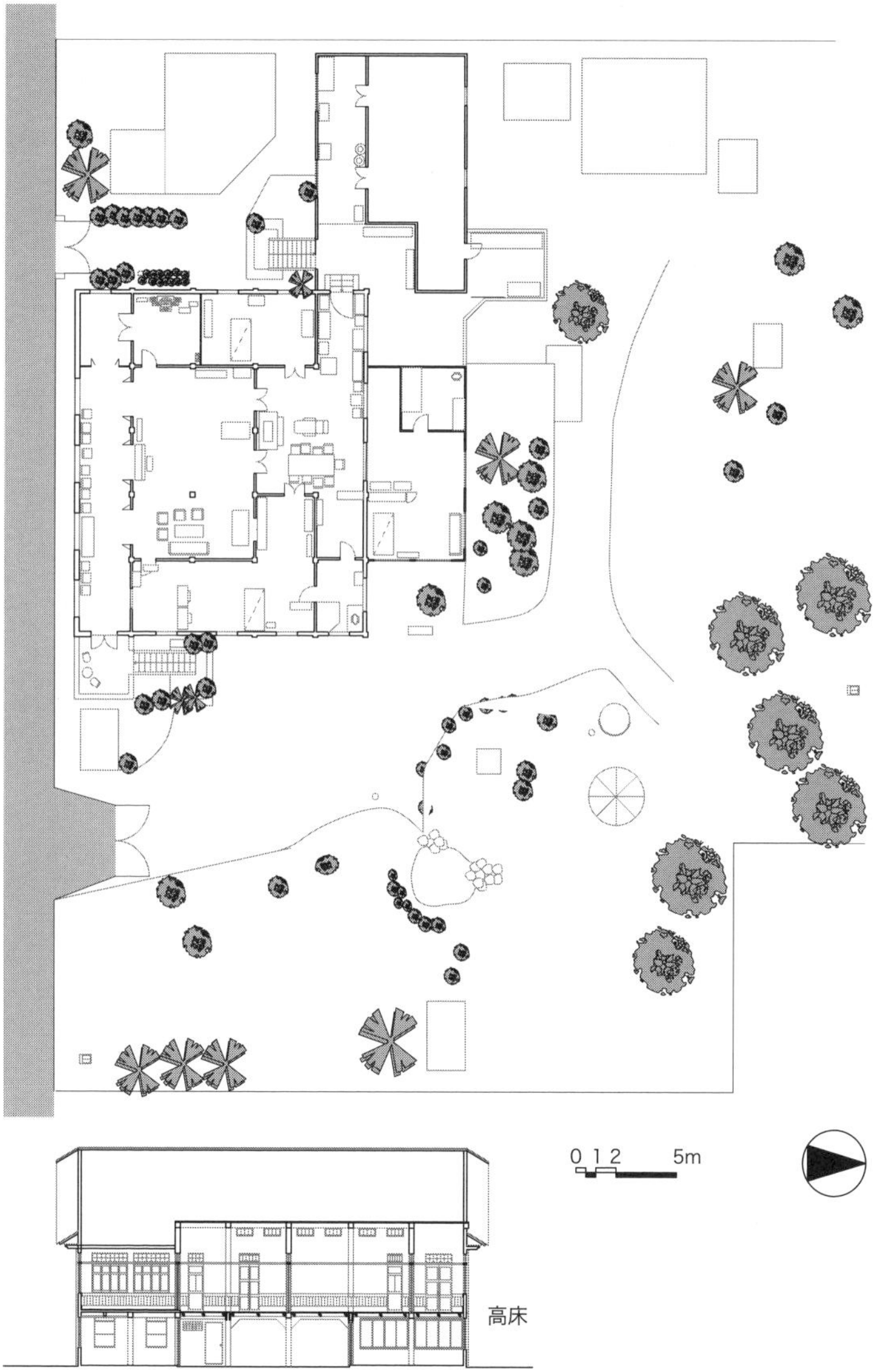

〈スーパー洋館〉 近代と伝統の両方の要素を融合させた洋風高床式住居の典型.

〈スーパー洋館〉

も、高床式住居という伝統的な建築スタイルを継承している。その理由には水位の変化が影響していて、現在は洪水はないものの、雨期と乾期で七から八メートルの水位差が生じる。また、〈スーパー洋館〉では一九五〇年代まで、住宅のすぐ裏手にまで川幅が広がっていた。こうして、急激な水位変化に対応できるよう高床式住居の形式を維持したのである。この種の建築タイプでは、洋風化の一方で伝統への回帰も存在するといった背景を指摘できるだろう。

洋館は、空間構成においてもタイの伝統的な特徴を引き継いでいる。〈高床ラーメン・洋館〉では、玄関の階段を上ったところに屋根のない床だけの屋外空間がある。伝統的な高床式住居のチャーンにあたる空間で、季節によって地面が浸水するために、人工地盤として通路や作業場として利用される。その脇にはラビアンにあたる半屋外空間も見られ、同様に作業や家族の団欒の場として利用されている。

さて、ここで建築タイプの変容をまとめてみよう。一九〇〇年以前は、タイの伝統的な木造の高床式住居が主流であった。そこに異文化の流入によりコロニアル様式が登場し、他の建築タイプにも豊かな装飾を与える。次に、一九一〇年以降に出現するショップハウスは、国の西洋化、近代化という政策とともにランパーンにも見られるようになった建築タイプで、社会の動きと連動して変容していく。一九三〇年代まで、ショップハウスはコロニアル様式の影響を受けながら、豊かな装飾が次々に施された。一九三〇年代以降は、第二次世界大戦や金融不況という社会・経済的な要因と、タイ全体に鉄筋コンクリートが普及したことなどの技術的要因から、装飾は簡素なものに変わっていく。一方で、コロニアル様式におけるプランの変容は、ショップハウスの分割利用が盛んに行われたことが影響している。ランパーンは、近隣諸国や大都市を相手とした商業都市だからこそ、異文化の建築様式や装飾、工法、空間構成など様々な要素が流入し、その発展に応じて建築も変容したといえる。多様な建築タイプが登場し、豊かな装飾が多く施された一九三〇年代こそ、ランパーンの建築の黄金期といえるだろう。だがしかし、様々な文化を取り入れたとしても、独自の伝統的な高床式住居を継承し続けた点は、この都市が常に水と密接に関わっていたことを改めて示している。その土地や生活に最も適した建築を受け継ぐことで、みずからのアイデンティティーもまた維持され続けているといえるだろう。

商店街の形成過程

一九七〇年頃、上流にダムが建設され、ワン川の水量と川幅は減少し、舟運は衰退の一途を辿る。かつてのワン川はかなり川幅が広かった。オールドストリートと川の間に「ワット・ゴ」という寺院がある。タイ語で「ワット」は寺院、「ゴ」は島という意味である。つまり寺院は陸から離れた小島に立地していたのであろう。オールドストリート沿いの川側に立地する住宅のすぐ裏に水が流れていたことに

かつては孤島に立地していたワット・ゴ

なる。このように、オールドストリートは水ときわめて近い関係にあった。貿易が盛んになる以前、都市の中心はワン川の北岸にあったが、その後は反対の南側に移る。そこには、貿易のためにやってきたビルマ、中国、西洋の人びとによって、多様な建築タイプの住宅や店舗が建設され、新しい中心地を形成していく。チーク材が貿易の要《かなめ》だったので、舟運と搬入の利便性が求められ、店舗は水から近い場所に立地することが望ましかった。それゆえに、商店街は港から内陸に延びるのではなく、川に沿うように発展したといえる。

そして、建物の建築年代から、一九三〇年代以降、ニューストリート沿いに店舗や住宅が増えていくことがわかる。つまり、都市の中心となる商業が、オールドストリートからニューストリートに移行したことを示す。しかしながら、両者をつなぐ道には倉庫が多い。つまり、ニューストリートが中心となる時代になっても、川↓サービス空

水位が安定したワン川で釣りを楽しむ人

間→店舗（ニューストリート）という町の空間構造は変わらないのである。

現在、ダムの建設により水位は管理されているが、一九七〇年頃まで、この地域一帯は洪水の被害を受け、とくに雨期にはオールドストリートが水没していた。一方、人工的な盛り土がなされたと思われるニューストリートは、三・七メートルもオールドストリートより地盤が高い。浸水への対処、交通手段の変化、そして何にもまして富を得たランパーンの発展は、貿易中心の都市から銀行という近代の都市機能を持つに至ったことが大きな要因であろう。こうした変化は日本近代の港町でもよく見られる。

以上のように、ランパーンの発展には近代という時代が重要であった。国の政策である近代化や西洋化の波、そして諸外国からの文化の流入の時期がちょうど都市の発達期にあたり、建築の形成にも大きく影響を与えた。経済発展が急激で、しかも短期間に行われたことは、幸いにも都市の美しい建築が多岐にわたって出現する結果をもたらした。同時に、年間を通した川の水位変化はタイ北部ならではのものであって、建築のスタイルが変わっても環境に応じた暮らしが営まれてきた。

タイ北部の都市は、日本の水辺都市とも共通する点が多い。水路に並行してまず通りが形成され、さらに内陸に新しい市街地がつくられていく。それでもなお、季節ごとの水位変化が著しいランパーンでは、近代化を遂げた後も一部の住宅が高床式住居を継承している。まさに、ここでは都市と建築が環境との共生を図りながら持続的に発展する様子を目の当たりにすることができるのである。

おわりに

いまから思えば、ここまでタイの都市と建築にのめりこむとは思わなかった。まだ法政大学で非常勤講師をしていた頃、金銭的な支援は一切ないがタイに行かないかと問いかけると、二〇人を超す学生が集まった。もともと、中国江南地方の水の都市と建築を調査していた時から、同じアジアの水辺都市が多く存在するタイには興味があった。ほとんど年齢の違わない学生と一緒に、このタイの水辺都市をいかに解き明かすかを議論した毎日が懐かしい。それから六年間、日本ではタイ語教室に通いながら、毎年タイの夏の調査は継続し、いまも補足調査が続いている。

本書は、タイのチャオプラヤー川流域の都市を対象に、こうした調査の成果をまとめたものである。日本では観光で人気のタイだが、その都市と建築についてはあまりよく知られていない。都市や建築の専門分野でもほとんど取り上げられることがない。そこで、まずはタイの各都市の事例を中心に描くことを本書の目的とした。そこから水辺空間の構成要素を抽出し、それらがいかなる背景のもとに成立したのかを見出すことによって、流域を通しての各地域の空間構造と建築タイプの特色を明らかにしたいと思った。

そうしたなかで、とくにどの地域でもタイ特有の高床式住居が見られたのは興味深い。タイは多民族国家である。単なる水の多い自然条件によるのではなく、長い時間をかけてその地に根づくと同時に、タイ伝統のスタイルを採用し視覚化することで、みずからがいわゆる「タイ人」への同化を目指した結果ともいえるだろう。一方で、信仰の空間では、宗教ごとに独自の空間をつくりあげている点を強調しておきたい。これらは、多民族化が進むであろう二一世紀の都市にあって、いかに共存すべきか重要な示唆を与えている。そして、人びとが水辺に根づいて暮らしていくプロセスを知ることと、豊かな生活を支える水との関わりを探ることは、日本における新しい人と水のつきあい方を見つける手がかりになるはずだ。今後は、さらなる文献史料の実証的な研究から、タイの都市と建築の歴史を改めて記述していくことが最終的な目標となる。われわれの調査研究の中心的役割を担ってきた岩城孝信が、その目標への到達を成し遂げてくれるに違いない。本書は、まずその前にいまの段階で、現地調査の成果をまとめておくことに重点が置かれた。

われわれは、増える水に対しては、「害」という言葉をあてはめ、どのようにそれから身を守るかということに意識を集中させる。しかし、タイの人びとにとっては、季節や時間ごとに変化する水といかにつき合っていくかということのほうが大切なのである。増える水と同様に、減ってしまう水に対しても積極的に対応している。増減する水位に対して、常に水と接するためにはどのような空間をつくり上げるかということこそ、タイの都市と建築の歴史そのものといえよう。

自然の力を人間の手で人工的に押さえつけ、破壊し、固定された空間概念だけをもって対処するのではなく、タイの人びとは多様に変化する水に対して、その場の環境に応じながら豊かな都市空間をつくり上げた。住宅においても、屋内外の境界や何をどこで行うかという生活スタイルを固定せずに、その時々に適した場所を使用する。はやりの言葉でいえば、「サステイナブルな都市と思考」とでも言えようか。こうしたあらゆる空間への柔軟な姿勢こそが、水との共存を可能にさせている。逆にいえば、そうでなければこの地に都市をつくり住まうことはできなかった。それが、壮大なチャオプラヤー水系の水辺都市に多様な形で見られたことは、水との共存が求められる二一世紀の日本の都市にとっても大きな収穫となるであろう。

最後に、この研究はバンコク・チュラロンコーン大学のスワタナ・タダニティ先生から多くの協力を得て実現することができた。また、二〇〇二、〇三年度には「ミツカン水の文化センター」の協力を得て共同で調査を実施することができた。その際には、写真家として賀川督明氏に同行していただいたことも心強かった。ともに感謝したい。また、陣内秀信が中心となって二〇〇四年四月に設立した法政大学大学院エコ地域デザイン研究所の後押しも、本書の完成には欠かせなかった。

本書は、法政大学エコ地域デザイン研究所の二〇〇五年報告書「チャオプラヤー川流域の都市と住宅」（アジアまち居住研究会・代表高村雅彦）がベースとなっている。それに、まず岩城と畑山が修正を加えた。そして、本書を刊行するにあたり、さらに高村が大幅に手を加え、畑山が図版を整理し完成したものである。なお、実際の調査には延べ五〇人近いメンバーが加わってくれたことも記しておきたい。

このように、本書ができあがるまでには実に多くの仲間と現地の人びととの協力があった。心から感謝の気持ちを伝えたい。最後に、遅々として進まない原稿に粘り強く対応してくださった法政大学出版局の秋田公士さんにお礼を申し上げたい。

参考文献

プラヤー・アヌマーン・ラーチャトン著、森幹男編訳『タイ民衆生活史1』井村文化事業所、一九七九。

水野浩一『タイ農村の社会組織』創文社、一九八一。

高谷好一『熱帯デルタの農業発展—メナム・デルタの研究』創文社、一九八二。

ウィリアム・スキナー著、山本一訳『東南アジアの華僑社会』東洋書店、一九八八 (G. William Skinner "CHINESE SOCIETY IN THAILAND; an analytical history" Ithaca, N. Y. Cornel University Press, 1957)。

末廣昭 "Capital Accumulation in Thailand 1855-1985" Tokyo: Centre for East Asian Cultural Studies, 1989 (Reprint Chiang Mai: Silkworm Books 1999)。

友杉孝『バンコク歴史散歩』河出書房新社、一九九四。

タードサック・テーシャキットカチョーン、重村力他「Chaophraya Deltan 南部地域における水辺集落に関する研究その1 ノンタブリー県、クロング・バンコクノイとBankuviang 水上市場を対象に」『日本建築学会大会学術講演概要集』日本建築学会、一九九八。

石井米雄『タイ近世史研究序説』岩波書店、一九九九。

田坂敏雄、西沢希久男『バンコク土地所有史序説』日本評論社、二〇〇三。

村松伸、ARAC「陸に上がったナーガ Bangkok—水の都市から陸の都市へ」『10+1』No. 33, INAX 出版、二〇〇三。

田中麻里『タイの住まい』圓津喜屋、二〇〇六。

Ruethai Chaichongrak, "Ruean Thai doem（本来のタイ住宅）" Department of Architecture, Silapakorn University, 1975.

Chulaongkorn University, “Ongprakoptangkaipap Krung Ratanakosin（ラタナコシンの景観）” Chulalongkorn University, 1991.

Shigeharu Thanebe, “Ecology and Practical Technology: Peasant Farming Systems in Thailand” Bangkok White Lotus, 1994.

Suehiro Akira, “Capital Accumulation in Thailand 1855-1985,” Chiang Mai Silkworm Books, 1996.

Marc Askew, “Bangkok, Place, Practice and Representation” London; New York: Routledge, 2002.

Faculty of Architecture, Chulalongkorn University ed., “Water based cities: planning and management” Bangkok Intercopy Center, 2003.

執筆者一覧

本書は「はじめに」と「おわりに」を高村雅彦が執筆したほか、いずれも法政大学工学部建築学科卒業論文あるいは同大学院建設工学専攻修士論文をベースに、まず岩城と畑山が編集し、それに高村が大幅に手を加え、同時に畑山が図版を整理して完成させたものである。その元となった論文は、第Ⅰ部の「チャオプラヤー川と都市の空間構造」、第Ⅲ部の「ロッブリー」「ピサヌローク」を畑山明子、第Ⅰ部の「タイの住まい」と第Ⅲ部の「アユタヤ」を庄司旅人、第Ⅱ部の「バンコク・トンブリー」を岩城考信・潮上大輔・小川将、「バンコク・プラナコン」を岩城考信、第Ⅲ部の「シーラーチャー」を許斐さとえ、「アンパワー」を内藤一範、「ランパーン」を吉田千春がそれぞれ執筆した。以下に現職を示す。

畑山明子（はたけやま　あきこ）
一九七九年生まれ。株式会社エスパシオコンサルタント

庄司旅人（しょうじ　たびと）
一九七九年生まれ。大豊建設株式会社

岩城考信（いわき　やすのぶ）
一九七七年生まれ。法政大学デザイン工学部教育技術員。博士（工学）。
著書に『バンコクの高床式住宅――住宅に刻まれた歴史と環境』（風響社、二〇〇八）。

潮上大輔（しおがみ　だいすけ）
一九七六年生まれ。株式会社安井建築設計事務所

小川　将（おがわ　まさし）
一九八〇年生まれ。新潟県職員

許斐さとえ（このみ　さとえ）
一九八一年生まれ。株式会社ライカ

内藤一範（ないとう　かずのり）
一九八一年生まれ。株式会社博報堂

吉田千春（よしだ　ちはる）
一九八二年生まれ。ミサワホーム東京株式会社

編著者

高村雅彦（たかむら まさひこ）

1964年生まれ．

法政大学デザイン工学部教授．博士（工学）．

専門はアジア都市史・建築史．

前田工学賞（1999年），建築史学会賞（2000年）受賞．

主な著書に『中国の都市空間を読む』『中国江南の都市とくらし――水のまちの環境形成』（山川出版社，2000年），編著に『北京　都市空間を読む』（鹿島出版会，1998年），『アジアの都市住宅』（勉誠出版，2005年），『中国歴史建築案内』（監修，TOTO 出版，2008年）など．

タイの水辺都市――天使の都を中心に

2011年 3 月17日　　初版第 1 刷発行

編著者　高村雅彦 © Masahiko TAKAMURA, et al.

発行所　財団法人 法政大学出版局
〒102-0073 東京都千代田区九段北3-2-7
電話03（5214）5540／振替00160-6-95814

組版：HUP，印刷：平文社，製本：誠製本

ISBN 978-4-588-78004-2
Printed in Japan